干热岩热储体积改造技术

陈 作 张保平 周 健 朱进守 刘世华 等 著

科 学 出 版 社

北 京

内 容 简 介

本书解析了干热岩热能获取对水力裂缝系统需求的特殊性,归纳总结了国内外干热岩热储改造技术现状,阐述了干热岩高温高压岩石力学行为、岩体变形与破坏特征、裂缝起裂与扩展特性、张性与剪切裂缝导流机制、水力压裂改造技术以及化学刺激辅助改造技术等方面的最新研究成果。

本书可作为从事干热岩资源勘探开发的技术人员的参考书。

图书在版编目(CIP)数据

干热岩热储体积改造技术 / 陈作等著. —北京:科学出版社,2024.8

ISBN 978-7-03-075325-0

Ⅰ.①干… Ⅱ.①陈… Ⅲ.①干热岩体–热储–技术改造 Ⅳ.① P314

中国国家版本馆 CIP 数据核字(2023)第 057047 号

责任编辑:吴凡洁 崔元春 / 责任校对:王萌萌
责任印制:赵 博 / 封面设计:赫 健

科 学 出 版 社 出版
北京东黄城根北街 16 号
邮政编码:100717
http://www.sciencep.com

涿州市般润文化传播有限公司印刷
科学出版社发行 各地新华书店经销

*

2024 年 8 月第 一 版 开本:787×1092 1/16
2025 年 1 月第二次印刷 印张:12 1/4
字数:290 000

定价:198.00 元
(如有印装质量问题,我社负责调换)

干热岩为赋存于地下深部（3～10km）、渗透性极差、没有或仅有极少流体、温度在180℃以上的高温岩体，常见的岩石类型有花岗岩、花岗闪长岩、花岗片麻岩等。全球干热岩所蕴含的能量相当于全球所有石油、天然气和煤炭所蕴藏能量的 30 倍，为一种资源量巨大的可再生清洁能源，将在低碳转型、应对气候变化和实现碳达峰碳中和愿景等发展目标中发挥重要作用。欲将这种资源转变成能源，必须对高温热储层进行体积改造，即压裂造储，形成体积巨大、换热通道相互连通且无优势渗流通道的裂缝网络系统，再从循环注入井中将流体注入压裂裂缝网络系统中，待流体与高温岩体换热后通过热采出井返回地面，采出的热能以高温蒸汽的方式通过地上发电装置转变为电能并网发电或直接用来取暖、制冷等，以实现干热岩热能利用。干热岩热能的开发利用方式对压裂形成的裂缝系统要求很高，不仅要求换热空间体积足够大，还要求连通性好，渗流阻力低，不能形成优势主裂缝，避免循环注水在换热过程中沿主裂缝指进，影响换热效率。因此，干热岩热储体积改造技术明显有别于传统的页岩油气、砂岩油气以及碳酸盐岩油气开采技术。近年来，国内外大力发展干热岩热储体积改造技术，对高温高压下岩石力学行为、裂缝起裂与扩展特性、复杂裂缝形成与导流机制、压裂流体、体积改造工艺和化学刺激技术等进行了系统研究，矿场体积改造先导试验获得成功，试验性发电也取得了突破，正积极向技术示范与规模开发利用方向发展。

本书针对干热岩热储体积改造问题，从地质与工程特征、高温高压岩石力学参数与破裂特性、裂缝起裂与扩展特性、张性与剪切裂缝的导流机制、热储参数测井评价方法、体积改造工艺技术、化学刺激辅助改造技术等方面进行了阐述，并给出了应用实例。

本书共分为七章，全书由陈作组织撰写，第 1 章为概述，由陈作、冯波、刘世华撰写；第 2 章介绍了干热岩地质工程基础特性，由朱进守、陈作、刘世华、张盛生、王磊撰写；第 3 章介绍了热储参数测井评价方法，由谢关宝、吴海燕撰写；第 4 章阐述了裂缝起裂与扩展特性，由张保平、刘世华撰写；第 5 章叙述了干热岩热储裂缝导流机制，由刘建坤、李洪春撰写；第 6 章介绍了体积改造工艺技术，由陈作、刘建坤、冯波、许国庆撰写；第 7 章简述了干热岩热储体积改造案例，由周健、刘红磊、周林波、卫然撰写。全书由刘世华进行图片和文字校核。

在本书撰写过程中，中国地质调查局、青海省地质调查局、中国石化集团新星石油有限责任公司等单位给予了支持与帮助，在此致以诚挚的谢意！此外，本书引用了多位专家学者的成果，在此表示感谢！由于作者专业水平有限，书中难免有不妥之处，恳请读者批评指正。

作　者
2024 年 3 月

目录

第1章 概　述

1.1　干热岩资源开发利用现状

1.1.1　国外干热岩资源量及开发利用简况

干热岩为赋存于地下深部(3~10km)、渗透性极差、没有或仅有极少流体、温度在180℃以上的高温岩体,全球干热岩所蕴含的能量相当于所有石油、天然气和煤炭所蕴藏能量的30倍,美国干热岩可采资源量大于$2×10^{23}$J,可见干热岩资源量非常丰富[1]。干热岩常见的岩石类型有花岗岩、花岗闪长岩、花岗片麻岩等。

1974年开始,美国与英国、法国、德国、日本等国家联合,在新墨西哥州中北部的芬顿山(Fenton Hill)成立干热岩研究中心,研究干热岩热储压裂改造技术,建立增强型地热系统(enhanced geothermal systems,EGS)进行试验性发电。1984年,美国通过水力压裂改造,在芬顿山建成了世界上第一座高温岩体地热发电站,装机容量10.0MW,取得了宝贵的经验[2]。之后,世界各国先后开展了干热岩商业开发试验,2004年德国兰道(Landau)试验项目发电能力2.9MW;2008年美国盖瑟(Geyser)试验项目成功并网发电[3],发电能力5MW;2011年法国苏茨(Soultz)试验项目投产[4],发电能力1.5MW;2013年美国沙漠峰试验项目(Desert Peak)成功并网发电,发电能力1.7MW(表1.1.1)。截至2020年底,世界范围内已建立干热岩发电试验工程31项,累计发电能力约12.2MW,展示了干热岩热能开发利用的可行性与广阔前景。

表 1.1.1　国外干热岩项目发电效果表

国家	试验项目	深度/m	温度/℃	热流值/(mW/m²)	应用效果
美国	Desert Peak	2475	135~204	128	2013年成功并网发电,发电能力1.7MW
美国	Geyser	3400	400	168	2008年成功并网发电,发电能力5MW
法国	Soultz	5270	210	176	2011年投产,发电能力1.5MW
德国	Landau	4200	160	100	2004年发电能力2.9MW,供热能力3MW

1.1.2　国内干热岩资源量及开发利用简况

我国藏南、云南西部(腾冲)、东南沿海(浙闽粤)、华北(渤海湾盆地)、鄂尔多斯盆地东南缘的汾渭地堑、东北(松辽盆地)等地区拥有丰富的干热岩资源[5,6],资源量总计为$2.52×10^{25}$J,相当于860万亿t标准煤,温度介于150~250℃的资源量约为$6.3×10^{24}$J,若对其的利用率为2%,按照目前我国能源消耗总量计算,可用1000年以上。

我国系统研究干热岩资源勘探开发技术起步较晚：2012 年吉林大学牵头了首个"十二五"国家高技术研究发展计划(863 计划)"干热岩热能开发与综合利用关键技术研究"项目；2013 年中国地质调查局对共和盆地、东南沿海等区域开展干热岩调查；2014 年青海省国土资源厅首次在 3000m 深处钻遇 180℃干热岩，2017 年在青海共和盆地 3705m 深处钻遇 236℃干热岩，实现了干热岩资源勘查重大突破；2018 年中国地质调查局启动"青海共和盆地干热岩勘查与试验性开发科技攻坚"项目，在青海共和盆地开展"一注两采"发电试验，经过 4 年的努力，于 2021 年实现了我国干热岩试验发电的突破。由此，拉开了我国干热岩资源开发利用的序幕。

1.2 干热岩热储改造关键技术需求

油气资源开采出来后经过处理与加工可直接利用。干热岩是一种特殊的资源，它的热能储存在高温岩体中，欲开发利用这种热能，必须在干热岩区域部署循环注入井和热采出井，并对循环注入井和热采出井中的高温热储层进行体积改造和连通，在高温热储层人为建造出换热体积巨大、换热通道相互连通且无优势液流通道的裂缝网络系统，从循环注入井中将换热流体注入相互连通的压裂裂缝系统中，使其经高温岩体加热后由热采出井返回地面，采出的热能以高温蒸汽的方式通过地上发电装置转变为电能并网发电或直接用来取暖、制冷等，以实现干热岩热能利用。可见，干热岩热能无法直接获取，高效获取干热岩热能的关键在于对高温热储层的充分改造，要求循环注入井和热采出井改造形成的裂缝体积大、渗流阻力小、水损耗率小，循环注入井注入压力低，热采出井流量大、温度高，这显然对人工造储技术提出了更高的要求，因此，不能直接应用砂岩、页岩和碳酸盐岩等油气资源的成熟改造技术。干热岩人工造储关键工程技术需求为：

(1)巨大的换热体积。若利用干热岩热能来经济发电，有学者计算后认为其压裂改造后裂缝网络体积应达上亿立方米级别[7]，这是一个巨大的换热体积，需超大规模的改造方可达到。

(2)不需要优势通道。干热岩压裂后不仅要求热采出井具有较高的流体产量，而且产出流体要具有较高和稳定的温度，这就要求压裂改造后裂缝系统中不能存在优势长裂缝，以避免出现因注入水沿长裂缝的优势通道突进，换热不充分而大大降低产出流体温度，严重影响利用效率。这与以往致密砂岩的长缝压裂要求完全不同。

(3)压裂后渗透阻力小。为保持热采出井稳定的流体流量和降低循环注入井的注入压力，要求改造后的裂缝系统渗透阻力要小，无短路现象，这对压裂裂缝系统渗透空间分布的均匀性和保持稳定的长期导流能力提出了挑战，不仅需要水力压裂的充分改造，还需要化学刺激的辅助改造以提高渗透性。

(4)水损耗率小。干热岩高效开发要求注入水损耗≤10%，因此，要严格控制压裂裂缝走向，避免裂缝与断裂沟通，造成后期换热过程中严重的流量损失。

(5)低成本且可复制推广。干热岩热能用来发电或取暖、制冷效益低，投资回收期长，要求压裂改造技术成本低廉且具复制推广性，通过规模化降本提高开发效益。

1.3 干热岩热储改造技术现状

1.3.1 国外技术现状

干热岩热储改造技术是干热岩资源开发利用最关键的工程技术之一，其作用是通过水力压裂或化学刺激，在热储中人为改造形成裂缝网络系统。国外对该方面的研究起步较早，已有近 50 年的时间，对热应力对裂缝起裂和延伸的作用机理、水力压裂裂缝形态物理模拟、热–流–固三场耦合裂缝扩展数值模拟等方面进行了研究，并进行了现场压裂试验与裂缝监测，基本形成了一套以水力压裂为主、化学刺激为辅的干热岩热储改造技术，支撑了发电试验。

1. 基础研究概况

国外基础研究主要集中在裂缝扩展的微观力学数值模拟、疲劳损伤物理模拟和不同流体注入裂缝起裂与扩展物理模拟等方面。Tomac 和 Gutierrez[8]、Riahi 等[9]采用微观力学离散元法（DEM）和离散裂缝网络（DFN）法研究了 EGS 试验场中压裂裂缝起裂和延伸特征，并得到如下认识：

(1)注入水与干热岩的温差效应会导致岩石微破裂，如图 1.3.1 所示，微裂隙不仅存在于裂缝表面，还有向垂直于裂缝面扩展的趋势，压裂流体渗入微裂隙后进一步促使岩石发生微破裂，不断扩大微裂隙的范围，使裂缝形态复杂化。

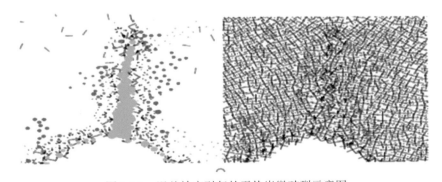

图 1.3.1 温差效应引起的干热岩微破裂示意图

(2)附加热应力使裂缝端部和沿水平最大主应力方位的裂缝发生扭曲。

(3)注入排量过高会导致压力快速上升，在早期就超过裂缝破裂的临界压力，形成主裂缝，裂缝面积较小。注入排量较低时，以热破裂为主，再沿微裂隙扩展，形成范围较大的裂缝区域。

科罗拉多矿业大学 Frash 等[10]采用耐高温（180℃）真三轴试验装置对科罗拉多玫瑰红花岗岩岩样进行了裂缝起裂与扩展的室内物理模拟研究，岩样尺寸为 300mm×

300mm×300mm，试验流体为清水、盐水和原油。以排量 3mL/s 注入黏度为 71.5mPa·s 的原油的裂缝起裂与扩展压力试验曲线见图 1.3.2，并得到如下认识：

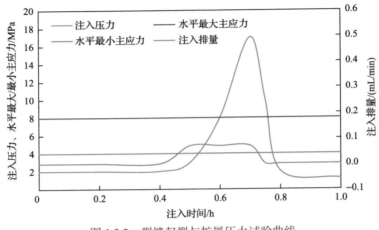

图 1.3.2　裂缝起裂与扩展压力试验曲线

(1)岩石破裂需要达到一定的注入排量和较长的注入时间，注入压力对注入排量非常敏感。

(2)压裂过程中岩石塑性特征表现明显。

(3)岩石破裂压力远远高于水平最大主应力和水平最小主应力。

(4)岩石经压裂后形成了主裂缝和一些微裂缝，主裂缝方位垂直于水平最小主应力方位。

(5)在相同条件下，清水注入的破裂压力为 7000kPa，较原油注入的破裂压力降低 61.3%。

德国学者研究了多频次循环注入流体产生的岩石疲劳损伤效应对降低施工压力的影响，认为循环次数足够多才能显著降低施工压力。

室内研究结果为现场热储改造的施工参数和流体类型选择提供了基础依据，指导了美国 Geyser、德国 Landau 等试验场地的水力压裂改造，但对复杂裂缝形成机制以及导流机制的报道较少。

2. 热储水力压裂改造技术应用现状

美国的 Fenton Hill 和 Geyser、德国 Landau、法国 Soultz 等干热岩发电试验项目均进行过热储改造，其干热岩的岩体条件、埋藏深度与温度虽然各不相同，但是采用的主体压裂技术均为直井(斜度井)清水恒定排量大规模压裂技术，或者清水压裂+辅助化学刺激改造技术，少部分井采用了分层压裂技术，最大压裂改造深度 5270m。归纳来看，热储水力压裂改造技术具有如下特点：

(1)注入排量小，持续时间长。注入排量一般小于 2.0m³/min，且持续时间较长。例如，美国 Fenton Hill 试验场的 EE-3 井平均注入排量 1.4m³/min，注入时间持续一个多月，也有极少数井(如 EE-2 井)注入排量达到 6.0m³/min 以上，见表 1.3.1。

表 1.3.1 国外部分干热岩井压裂施工数据

国家和地区	压裂井	井型	压裂井段/m	岩性	注入液量/m³	注入排量/(m³/min)
美国 Fenton Hill	EE-2	直井	3450~3470	花岗闪长岩	21300	6.48
	EE-3	直井	3474~4584	花岗闪长岩	75903	1.4
法国 Soultz	GPK1	直井	2850~3400	花岗岩	25300	2.16
	GPK2	斜度井	3210~3880	花岗岩	28000	3.0
	GPK3	斜度井	4400~5000	花岗岩	23400	3.0
	GPK4	斜度井	4500~5000	花岗岩	34000	3.0
	GPK5	斜度井	4400~5000	花岗岩	21600	1.8~2.7
澳大利亚库珀	Hab1	直井	4140~4420	花岗岩	20000	1.56

(2)注入液量大。干热岩热储改造注入液量大，单井液量一般在 20000m³ 以上，如美国 Fenton Hill 试验场 EE-3 井注入液量达到了 75903m³。

(3)清水压裂，不加支撑剂。干热岩热储改造过程中一般不使用线性胶或交联冻胶压裂液，而是采用清水、盐水或降阻水作为压裂工作液。压裂过程中常常不加入支撑剂，主要依靠剪切裂缝或微裂隙来保持裂缝导流能力。

(4)分层压裂。对于热储井段较长的干热岩井，为建造较大规模的人工热储或与对应注采井建立连通关系，部分井采用了分层压裂技术。层间封隔采用裸眼耐高温封隔器或可热降解的暂堵材料。例如，法国 Soultz 项目的 GPK2 井采用裸眼耐高温封隔器封隔方法对上储层和下储层分别进行了压裂改造，监测结果显示，该井上下两个储层在分层压裂后实现了连通(图 1.3.3)。

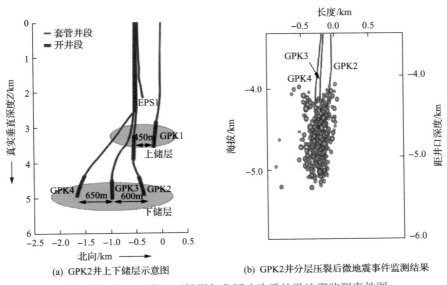

(a) GPK2 井上下储层示意图   (b) GPK2 井分层压裂后微地震事件监测结果

图 1.3.3 GPK2 井上下储层与分层改造后的微地震监测事件图

(5)压裂全过程裂缝监测。热储改造裂缝的空间展布是决定干热岩开发利用贡献大小和寿命的关键因素，因此，整个压裂过程中均采用了微地震进行压裂裂缝监测。美国 Geyser 项目中所有注入井和生产井均进行了长时间的裂缝监测，并与模型预测结果进行了对比，结果见图 1.3.4。

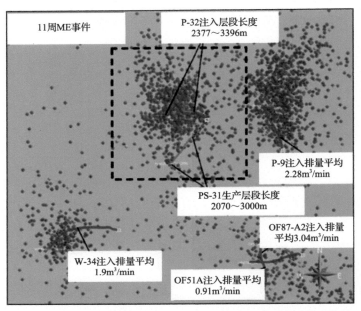

图 1.3.4 美国 Geyser 项目中生产井和注入井微地震裂缝监测结果

ME-微地震事件

(6)强微地震事件频发。干热岩压裂改造所引发的微地震事件能量总体较强，如瑞士巴塞尔（Basel）EGS 项目干热岩深度为 3500～5000m，岩性为花岗岩，施工排量 3.72m³/min，单井液量 11570m³，压裂过程中微地震监测到 13500 个事件点，震级绝大部分集中在 1 级附近，出现了少量 2 级和极个别 3 级（图 1.3.5）。

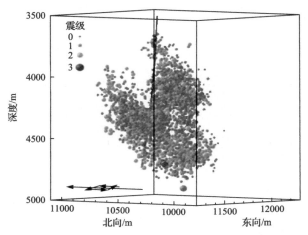

图 1.3.5 瑞士 Basel EGS 项目压裂改造微地震监测结果图

库珀盆地 EGS 项目压裂过程中诱发地震活动震源投影到地表主要集中在 3km×3km 区域内，最大震级达到 3.7 级（图 1.3.6）。

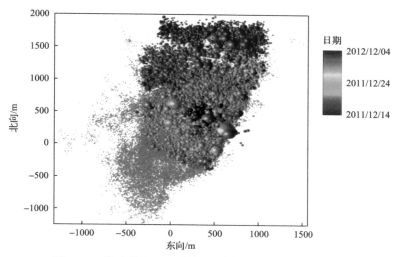

图 1.3.6　库珀盆地 EGS 项目压裂改造微地震监测结果图

因此，干热岩热储改造过程中存在一定的施工风险，需要采取应对措施预防与控制。

（7）改造效果差异性大。美国、法国、德国等国家的干热岩项目干热岩井经过水力压裂改造后改造体积可达数百万立方米到上千万立方米，循环换热后生产井温度达 160℃以上，产出流量达 10L/s 以上，见表 1.3.2。比较而言，法国 Soultz 项目改造效果较好，该地热开发系统为"两注一采"模式，GPK2 井为生产井，GPK1 井、GPK3 井为对应的注水井，生产动态曲线显示，GPK1 井注入压力小于 10MPa，GPK3 井注入压力为 40～50MPa，采出井 GPK2 井井口压力在 20MPa 左右，采出井流量为 18L/s，出口温度稳定在 164℃左右，热能稳定。

表 1.3.2　国外干热岩井循环换热温度与流量

试验项目	岩石类型	热储深度/m	改造面积/10^4m^2	生产井温度/℃	产出流量/(L/s)	热储阻力/[MPa/(L·s)]
美国 Fenton Hill	花岗闪长岩	3600	70	191	13	4.0
法国 Soultz	花岗岩	3800	80～300	164	18	0.2
德国 Landau	花岗岩	2600	—	160	76	—

美国的 Desert Peak 和 Geyser[11]、法国的 Soultz 以及德国 Landau[4]等干热岩地热系统均进行了发电和供热，为干热岩的开发利用进行了较好的试验与示范。

3. 化学刺激技术应用现状

干热岩的酸化改造技术在国外称作化学刺激技术，是在水力压裂改造后进行的以低于地层破裂压力的注入压力向热储裂隙注入化学刺激剂，依靠化学溶蚀作用使热储裂隙通道堵塞物溶解来增加井筒附近和远处地层的综合渗透性[12]。

自 1895 年起，化学刺激技术就被广泛应用于增加石油和天然气井的产量，以及解决地热开发后期生产井附近矿物沉淀引起的堵塞问题，效果非常显著，目前该工艺在石油和天然气领域广泛应用。地热开发系统与油气开采系统的储层改造技术有一定的相似性[13]，但因储层性质的差异又存在明显的不同，主要体现在：①干热岩热储主要为火成岩，矿物组成以石英、碱性长石、斜长石、角闪石、云母为主，石油天然气储层为沉积岩，矿物组成以石英、方解石、白云石、黏土矿物等为主，其化学刺激剂与岩体矿物间的化学反应机理明显不同；②干热岩地层温度明显高于石油天然气储层，温度升高会加快化学刺激剂与岩体矿物的反应速率，使得化学刺激剂和岩体矿物反应迅速，甚至会导致化学刺激剂中的有效组分挥发，因此，在石油天然气储层中具有良好穿透效果的化学刺激剂不一定能够在干热岩储层获得良好的穿透距离。

化学刺激剂包括酸性和碱性化学刺激剂两种类型，目前应用最广泛的酸性化学刺激剂是盐酸(HCl)和土酸。盐酸可有效溶蚀碳酸盐类矿物，如方解石、白云石等；土酸是盐酸和氢氟酸(HF)的混合物，氢氟酸可溶蚀石英、黏土矿物。碱性化学刺激剂主要为氢氧化钠(NaOH)。氢氧化钠作为一种强碱，可溶蚀石英、钠长石、钾长石等矿物，但与方解石、白云石等碳酸盐类矿物反应时会生成 $Ca(OH)_2$、$Fe(OH)_3$ 等沉淀。化学刺激技术最早应用于 1974 年，美国在新墨西哥州中北部 Fenton Hill 钻了第一口地热井，井深 4500m，井底岩体温度 330℃，岩性主要为前寒武纪变质岩，储层裂隙堵塞矿物大部分为石英，使用 Na_2CO_3、NaOH 溶液对岩样进行溶蚀实验发现，岩样溶蚀效果与化学刺激剂的浓度及实验时间呈正相关，实验效果良好。但将 Na_2CO_3 化学刺激剂运用到该场地时，效果甚微，地热能产率没有明显提高[14]。

瑞典的 Fjällbacka EGS 工程场地位于瑞典西部，储层岩性为花岗岩，该区域储层裂隙发育良好，但裂隙中具有较多的方解石及黏土矿物，这些矿物堵塞裂隙通道，较大程度地限制了储层渗透率的提高。1986 年，该场地采用水力压裂技术对地热储层进行改造，生产流速提高不明显。1988 年，该场地采用化学刺激技术提高储层渗透性，所使用化学刺激剂为土酸，土酸溶解了裂隙通道的堵塞矿物，大大提高了储层的渗透性，加强了注入井及生产井之间的水力连通性，生产流速增加了 51%[15]。

1988～2009 年，法国建立了举世瞩目的 Soultz EGS 示范工程，并在该场地逐步实现了 EGS 系统发电[16]。Soultz EGS 场地位于上莱茵西部，基底为斑状二长花岗岩和二云母花岗岩，储层裂隙堵塞矿物主要为方解石。1987～1990 年，钻探了第一口地热井 (GPK1 井)，深度为 2000m，并建立了微地震观测网络；1991～1998 年，钻探第二口地热井(GPK2 井)，并对场地进行了水力压裂测试[17]；1999～2007 年，钻探了第三口 (GPK3 井)和第四口(GPK4 井)地热井，并向 GPK2、GPK3、GPK4 等井注入土酸、有机酸(OAC)和螯合剂 NTA 进行化学刺激改造[18]，结果表明土酸(12%HCl+3%HF)使得生产井生产流速提高了 35%，螯合剂 NTA 使得生产井生产流速提高了 0.3L/(s·bar①)，但在井口出现了沉淀；有机酸刺激效果最弱，使得生产井生产流速仅提高了 0.05L/(s·

----

① 1bar=10^5Pa。

bar)[19]。2007～2008 年，该场地组装地热-电能转换装置，并开展水力循环测试，2011
年，成功建立了功率为 1.5MW 的地热能发电站。

2012 年，法国在 Soultz EGS 场地成功发电的基础上，又在上莱茵地段建立了
Rittershoffen EGS 工程。该工程距离 Soultz EGS 场地 6km，场地热流值高，储层裂隙发
育。2012 年 6 月，该场地实施了有机酸(谷氨酸)与土酸化学刺激储层改造，储层改造
效果良好，注入井与生产井形成了产流温度 168℃、产流量 70L/s 的地热开采对井[20]，
2016 年，该工程全面运行，为一淀粉制造厂提供了功率为 24MW 的工业热能，是全球
首个用于工业供热的 EGS 场地工程。

国外对于干热岩热储改造技术的研究始终没有停止，为进一步提升改造效果，推
出可推广、可复制的压裂造储技术，美国于 2015 年启动了地热能前沿观测研究计划
(FORGE)，在犹他州米尔福德(Milford)场地开展水力压裂-热刺激联合建造工艺攻关，
目的在于建立可复制的干热岩商业化开发模式，为经济动用干热岩资源提供技术支持。

1.3.2　国内技术现状

我国自 20 世纪 70 年代初开始大规模勘察和开发利用中浅层地热资源，以地热供
暖、医疗洗浴、娱乐健身等为主。中国矿业大学、太原理工大学、吉林大学等高等院
校最早于 2000 年开始研究与干热岩热储压裂改造相关的问题，2019 年前主要集中在高
温岩体力学特性、热破裂对地层渗透性影响、水岩作用对热储层特征的影响、热-流-
固多场耦合数值模拟以及水力压裂实验室模拟研究等，未对人工裂缝的起裂与扩展特
性、导流特性、缝网形成机制与控制方法、压裂工艺技术等进行系统研究，也未开展
大规模场地人工造储试验。2019 年设立的国家重点研发计划项目"干热岩能量获取及
利用关键科学问题研究"，由吉林大学、中石化石油工程技术研究院有限公司等 11 家
单位联合，专门针对干热岩的热能动用问题进行攻关研究。在高温力学行为、地应力
场、复杂裂缝形成机制、张剪裂缝导流特性、高温硬地层体积压裂工艺技术等方面开
展了大量研究工作，提出了干热岩高温硬地层体积造储技术，并在青海共和盆地进行
了体积压裂先导性试验，验证了造储技术的科学性，并经不断改进完善，基本形成了
一套针对花岗岩热储层的体积压裂改造技术，将为我国干热岩资源的高效利用提供技
术支撑。

1. 水力压裂基础研究

国内早期干热岩水力压裂室内基础研究以高等院校为主。为了模拟高温及三轴应
力下花岗岩的力学特性、热破裂和渗透特性变化，中国矿业大学、太原理工大学等单
位研制了耐温 600℃、耐压 20MN 伺服控制高温高压岩体三轴试验机，并利用花岗岩岩
样进行了系列室内试验[21-25]，同时研究了地热开发过程水岩作用对储层特征的影响[26,27]，
得到如下认识：

(1)在常温到 600℃范围内，花岗岩热破裂存在一个温度门槛值，之后随着温度升
高，热破裂呈间断性和多期性变化特征。

(2)高温下花岗岩岩样的破坏模式为典型的剪切破坏,在有围压情况下,在低温(常温至 200℃)时,其弹性模量随温度升高缓慢下降;在中高温(200~400℃)时,其弹性模量随温度升高快速下降;在高温(>400℃)时,其弹性模量随温度升高变化不大,如图 1.3.7 所示。

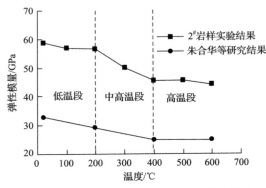

图 1.3.7　不同温度下花岗岩岩样的弹性模量

(3)热破裂升温过程中,花岗岩岩样渗透率随温度的升高呈正指数函数增大。热破裂初期,花岗岩岩样渗透率随温度升高而缓慢增加,经历了多个热破裂后,其渗透率随温度升高而急剧升高(图 1.3.8)。

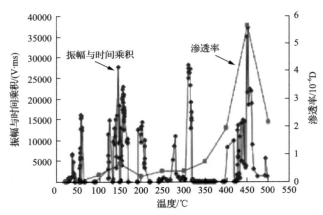

图 1.3.8　不同温度下花岗岩岩样破裂后振幅与时间乘积和渗透率变化(7#花岗岩岩样)

$1D=0.986923 \times 10^{-12} m^2$

(4)注水过程中,冷水进入花岗岩热储层后,使储层中的石英矿物沉淀,溶液中 Si^{4+} 浓度降低,碱性长石、斜长石、黑云母矿物溶解,Ca^{2+}、Na^+、K^+ 浓度升高,孔隙度、渗透率逐渐增大。

为模拟注采过程中地层高温热能、流体流动、岩石应力应变与化学多场耦合及其相互作用机理,吉林大学、中国矿业大学、太原理工大学和辽宁工业大学等高等院校从不同角度进行了热-流-固-化多场耦合数值模拟研究[28-34],其中以热-流-固三场耦合模拟研究为主。吉林大学还将 TOUGHREACT 软件与 FALC[3D] 软件进行搭接,开发了

EGS 领域多相多场耦合数值分析软件。通过数值模拟研究，主要得到如下认识：

（1）高温花岗岩的热破裂效应形成的微裂隙和地层中已经存在的裂缝共同扩展，形成较大的裂缝网络，使岩体渗透率增加。

（2）高温岩体开发过程中，注入冷水使围岩周围温度下降，岩体最小主应力降低，裂缝宽度随地热的提取而增加，渗流阻力下降。

（3）在后期的注采过程中，若把 CO_2 作为载热流体，其因溶解降低了地层水的 pH，使得裂隙通道中的方解石发生微溶解，较清水作为载热流体对裂隙通道物性的影响要小。

除室内岩心测试分析和数值模拟研究外，吉林大学等单位还进行了室内和现场的小型压裂物理模拟研究，获得了裂缝起裂与扩展特性的基本认识[35,36]。

2. 化学刺激研究

我国对热储酸化改造基础机理与刺激剂等的研究尚在起步阶段，仅有少数学者开展了实验室条件下的高温地热酸化改造研究，那金[37]以松辽盆地凝灰岩型干热岩为研究对象，开展了一系列酸性化学刺激液（15%HCl、7%HCl+1%HF、7%HCl+0.5%HF、2%NTA+NaOH）和岩样的反应实验，并研发出了一种新型有机化学刺激剂。庄亚芹[38]则以青海共和盆地花岗岩型干热岩为研究对象，开展了酸性（土酸、HCl）和碱性（NaOH）化学刺激室内实验，实验结果表明：三种化学试剂均可提高岩石的渗透率，土酸的刺激效果最明显。总体来看，我国化学刺激技术的研究工作还处于理论研究阶段，EGS 场地级别化学刺激试验尚未开展，理论成果和实践经验都相对不足。

综上所述，干热岩是一种资源量巨大的清洁能源[39]，目前动用程度非常低，其经济开发利用技术受到全球关注，欲将其变成可利用的能源，高效复杂缝网体积改造技术是关键。从干热岩热能利用对人工热储的要求不难发现，其对裂缝系统的复杂性、连通性、方向性等要求相当高，因此建造高质量的、符合商业开发要求的人工热储，属于世界性难题。国外对干热岩体积改造技术进行了近半个世纪的研究试验，但其尚未完全成熟，仍在攻关。我国干热岩体积改造技术还处在探索阶段，理论基础研究薄弱，场地压裂试验少，经验缺乏，需要系统性研究基础理论、工艺方法及配套技术，包括：①基础理论研究，包括高温力学行为、地应力场、复杂缝网形成机制与控制方法、裂缝导流机制及化学刺激机理等。②体积改造工艺技术，包括体积压裂工艺技术、分层压裂工艺技术、注采井连通工艺技术、施工参数优化方法、压裂流体等。③配套材料与工具，包括耐温 200℃ 以上的暂堵材料、封隔器及水力喷射压裂工具。④热储改造实时监控与循环流体长期监测技术。干热岩压裂过程中裂缝系统形态、走向、改造体积范围严重影响生产井的流量和温度，以及能量集聚可能诱发地震，因此，必须研究微地震实时监测与诊断技术，如发现压裂过程中主裂缝过长或过短、裂缝偏离预定方位、改造体积不理想或能量明显集聚可能诱发地震等情况，可及时采取措施控制与调整。此外，在注采井循环换热过程中，是否存在水流短路或流向偏离等问题，也需流体流动动态监测技术予以监控分析，以便为干热岩压裂优化设计提供支持。

参 考 文 献

[1] 曾义金. 干热岩热能开发技术进展与思考. 石油钻探技术, 2015, 43 (2) : 1-7.

[2] 万志军, 赵阳生, 康建荣, 等. 高温岩体地热开发的国际动态及其在中国的开发前景//中国岩石力学与工程学会. 第八次全国岩石力学与工程学术论文集. 北京: 科学出版社, 2014: 304-309.

[3] Rutqvist J, Dobson P F, Jeanne P, et al. Modeling and monitoring of deep injection at the Northwest Geysers EGS demonstration//47th U.S. Rock Mechanics/Geomechanics Symposium, Middletown, 2013.

[4] 翟海珍, 苏正, 吴能友. 苏尔士增强型地热系统的开发经验及对我国地热开发的启示.新能源进展, 2014, 2 (4) : 286-294.

[5] 蔺文静, 刘志明, 王婉丽, 等. 中国地热资源及潜力评估. 中国地质, 2013, 40 (1) : 312-320.

[6] 杨方, 李静, 任雪娇. 中国干热岩勘查开发现状. 资源环境与工程, 2012, 26 (4) : 339-341.

[7] 廖志杰, 万天丰, 张振国. 增强型地热系统: 潜力大、开发难. 地学前缘, 2015, 22 (1) : 335-344.

[8] Tomac I, Gutierrez M. Micro-mechanical of thermo-hydro-mechanical fracture propagation in granite//48th U.S. Rock Mechanics/Geomechanics Symposium, Minneapolis, 2014.

[9] Riahi A, Damjance B, Furtney J. Thermo-hydro-mechanical numerical modeling of stimulation and heat production of EGS reservoirs//48th U.S. Rock Mechanics/Geomechanics Symposium, Minneapolis, 2014.

[10] Frash L, Gutierrez M, Hampto J. Scale model simulation of hydraulic fracturing for EGS reservoir creation using a heated true-triaxial apparatus//Proceeding of the International Conference for Effective and Sustainable Hydraulic Fracturing, Brisbane, 2013: 959-977.

[11] Cladouhos T T, Petty S, Nordin Y, et al. Improving geothermal project economics with multi-zone stimulation: Results from the Newberry Volcano EGS demonstration//47th U.S. Rock Mechanics/Geomechanics Symposium, Middletown, 2013.

[12] Luo J, Zhu Y, Guo Q, et al. Chemical stimulation on the hydraulic properties of artificially fractured granite for enhanced geothermal system. Energy, 2018, 142: 754-764.

[13] Portier S, Vuataz F D, Nami P, et al. Chemical stimulation techniques for geothermal wells: Experiments on the three-well EGS system at Soultz-sous-Forets, France. Geothermics, 2009, 38 (4) : 349-359.

[14] Rinaldi A P, Rutqvist J. Joint opening or hydroshearing?Analyzing a fracture zone stimulation at Fenton Hill. Geothermics, 2019, 77: 83-98.

[15] Eliasson T, Schöberg H. U-Pb dating of the post-kinematic Sveconorwegian (Grenvillian) Bohus granite, SW Sweden: Evidence of restitic zircon. Precambrian Research, 1991, 51 (1-4) : 337-350.

[16] Vogt C, Marquart G, Kosack C, et al. Estimating the permeability distribution and its uncertainty at the EGS demonstration reservoir Soultz-sous-Forêts using the ensemble Kalman filter. Water Resources Research, 2012, 48 (8) : 8517-8531.

[17] Schill E, Genter A, Cuenot N, et al. Hydraulic performance history at the Soultz EGS reservoirs from stimulation and long-term circulation tests. Geothermics, 2017, 70: 110-124.

[18] Gerard A, Genter A, Kohl T, et al. The deep EGS (enhanced geothermal system) project at Soultz-sous-Forets (Alsace, France) . Geothermics, 2006, 35 (5/6) : 473-483.

[19] Bächler D, Kohl T. Coupled thermal-hydraulic-chemical modelling of enhanced geothermal systems. Geophysical Journal International, 2005, (2) : 533-548.

[20] Bérénice V, Magnenet V, Schmittbuhl J, et al. THM modeling of hydrothermal circulation at Rittershoffen geothermal site, France. Geothermal Energy, 2018, 6 (1) : 22.

[21] 万志军, 赵阳升, 董付科, 等. 高温及三轴应力下花岗岩体力学性能的实验研究. 岩石力学与工程学报, 2008, 27 (1) : 72-77.

[22] 杜守继, 刘华, 职洪涛, 等. 高温后花岗岩岩石力学性能的试验研究. 岩石力学与工程学报, 2004, 23 (14) : 2359-2364.

[23] 邵保平, 赵阳升. 600℃高温状态花岗岩遇水冷却后力学特性试验研究. 岩石力学与工程学报, 2010, 29 (5) : 892-898.

[24] 赵阳升. 高温岩体地热开发的岩石力学问题//中国岩石力学与工程学会. 第六次全国岩石力学与工程学术大会论文集. 北京: 中国科学技术出版社, 2000: 71-74.

[25] 赵阳升, 万志军, 张渊, 等. 岩石热破裂与渗透性相关规律的实验研究. 岩石力学与工程学报, 2010, 29(10): 1971-1976.

[26] 李佳奇, 魏铭聪, 冯波, 等. EGS 地热能开发过程中水岩作用对热储层特征的影响. 可再生能源, 2014, 32(7): 1004-1010.

[27] 鲍新华, 吴永东, 魏铭聪, 等. EGS 载热流体水岩作用对人工地热储层裂隙物性特征的影响. 科技导报, 2014, 32(14): 42-47.

[28] 赵阳升, 王瑞凤, 胡耀青, 等. 高温岩体地热开发的块裂介质固-流-热耦合三维数值模拟. 岩石力学与工程学报, 2002, 21(12): 1751-1755.

[29] 翟诚, 孙可明, 李凯. 高温岩体热流固耦合损伤模型及数值模拟. 武汉理工大学学报, 2010, 32(3): 66-69.

[30] 于庆磊, 郑超, 杨天鸿, 等. 基于细观结构表征的岩石破裂热-力耦合模型及应用. 岩石力学与工程学报, 2012, 31(1): 43-51.

[31] 赵延林, 王卫军, 赵阳升, 等. 双重介质热-水-力三维耦合模型及应用. 中国矿业大学学报, 2010, 39(5): 709-716.

[32] 申林方, 冯夏庭, 潘鹏志, 等. 单裂隙花岗岩在应力-渗流-化学耦合作用下试验研究. 岩石力学与工程学报, 2010, 29(7): 1379-1388.

[33] 王瑞凤, 赵阳升, 胡耀青. 高温岩体地热开发的固流热耦合三维数值模拟. 太原理工大学学报, 2002, 33(3): 275-278.

[34] 王晓星, 吴能友, 苏正, 等. 增强型地热系统数值模拟研究进展. 可再生能源, 2012, 39(9): 90-94.

[35] 谭现锋, 王浩, 康凤新. 利津陈庄干热岩 GRY1 孔压裂试验研究. 探矿工程, 2016, 43(10): 230-233.

[36] 许天福, 张延军, 于子望, 等. 干热岩水力压裂实验室模拟研究. 科学导报, 2015, 33(19): 35-39.

[37] 那金. 化学刺激技术对增强型地热系统(EGS)热储层改造作用研究——以松辽盆地营城组为例. 长春: 吉林大学, 2016.

[38] 庄亚芹. 实施增强型地热系统(EGS)的化学刺激实验研究——以青海共和盆地干热岩为例. 北京: 中国地质大学(北京), 2017.

[39] 蔺文静, 刘志明, 马峰, 等. 我国陆区干热岩资源潜力估算. 地球学报, 2012, 33(5): 807-811.

第 2 章　干热岩地质工程基础特性

干热岩的岩性、岩石组分、物性、天然裂隙、温度、高温力学特性、脆塑性、地应力等与体积改造相关的基础地质和工程特征有其特殊性，是热储层体积改造技术研究与创新的基础。本章以国内某盆地的花岗岩为例系统介绍了其地质和工程基础特性。

2.1　区域地质特征

2.1.1　区域构造特征

我国藏南、云南西部(腾冲)、东南沿海(浙闽粤)、华北(渤海湾盆地)、鄂尔多斯盆地东南缘的汾渭地堑、东北(松辽盆地)等地区拥有丰富的干热岩资源。青海共和盆地干热岩资源勘查于 2017 年取得了重大突破，其成为国内干热岩资源开发利用的重点试验区之一[1]。青海共和盆地地处青藏造山高原东北缘的祁连、西秦岭、东昆仑三个造山带的交会部位，为一个总体呈北西向展布的菱形山间盆地。大地构造单元属西秦岭造山带，是秦祁昆造山系中段的组成部分，但在地质构造、岩浆作用、地貌特征上又有别于西秦岭、东昆仑造山带，以独特的形式表现出来。共和盆地是古近纪初形成的断陷盆地，呈北西-南东斜列的菱形形态，四周被断褶带隆起山地围限，并受北西-南东和北北西-南南东展布的两组断裂控制。盆地由于受到沉积物的覆盖影响，断裂迹象在地表表现不明显，但盆地周边的断裂构造较为发育，其中有三条规模比较大的断裂构造与共和盆地的形成和发展有着极为密切的关系[2]，即宗务隆—青海南山断裂、温泉—瓦洪山断裂及尕让—人巫断裂(图 2.1.1)。

1. 宗务隆—青海南山断裂

宗务隆—青海南山断裂为共和盆地的北界控盆断裂，该断裂向北西延伸至青海湖，向南与区域上的北淮阳断裂相接，长度大于 2200km，构成西秦岭构造带与祁连构造带的分界。该断裂宏观特征明显，沿断裂沟谷、垭口呈线状分布，发育宽约 50m 的挤压破碎带，带内碎裂岩、压碎岩、断层角砾岩、断层泥发育，并有脉岩充填。两侧岩层产状紊乱，常见牵引、挠曲现象。倾向北东，倾角 40°~60°。该断裂萌发于震旦纪，海西期至印支期活动性加强。早期以伸展为主，晚期(即早印支运动)以挤压逆冲为主，兼有右行走滑作用，燕山期以右行走滑作用为主，控制了共和盆地的形成。古近纪—新近纪由于受南祁连造山带向南推覆侵位，共和盆地发生反转，逐步演化为以挤压为主的磨拉石前陆盆地。中国地震局地壳应力研究所采自断层泥的热释光年龄值主要集中在 2.98Ma、0.36~0.24Ma、0.08~0.03Ma 三个时段，在甘家

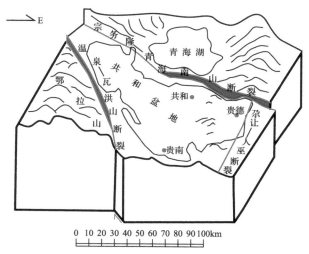

图 2.1.1 青海共和盆地控盆断裂构造图

沟地段断裂破坏了早更新世地层，未见破坏晚更新世地层。从热释光年龄结合地质资料分析，这些活动断裂自上新世中期至今仍在活动，为第四纪早期活动性仍较强烈的断裂构造。

2. 温泉—瓦洪山断裂

该断裂在区域上沿天峻、茶卡、瓦洪山东缘、青根河、温泉一线分布，北于茶卡北与宗务隆—青海南山断裂交接；南于温泉将东昆中断裂切错，是共和盆地的西界控盆断裂。该断裂呈北北西向介于宗务隆—青海南山断裂与东昆仑—柴达木造山亚系之间，也是昆仑与秦岭造山带的分界断裂，延长 200km（地球物理成果显示近 300km）。断裂两侧地貌反差明显，北东侧多为高山，南西侧多为盆地，偶见丘陵或山岭。航卫片线性影像反映良好，断面倾向北东，倾角一般在 50°～60°。表明断面在剖面上呈缓波状延展，形成宽 50～300m 的挤压破碎带，发育断层泥砾、挤压片理、构造透镜体，局部见有长英质糜棱岩，蚀变强烈，常见黏土化、绿泥石化及绢云母化。两侧发育破劈理及节理密集带。区域上沿该断裂有温泉出现。断裂切割冰碛地貌形态比较明显，较平缓的冰碛垄在断层通过处形成马鞍形地貌，局部可见中酸性侵入岩逆冲于新近系临夏组之上，表明活动断裂的特点。

航磁、重力资料显示，该断裂南西侧是升高的磁力、重力区，北东侧是线性延伸很大的负异常带，梯度带明显，深度图上表现为北凹南隆格局。地貌特征显著，是柴达木盆地北缘东段古近纪隆起区与柴达木盆地新生代拗陷的一条重要的分界线和一条重要的构造岩浆地震活动带。

综上所述，该断裂是一条以右行走滑为主兼挤压逆冲的断裂，影响深度大，可能属壳型断裂，形成于早古生代末期，海西期至印支中期活动性增强，印支晚期至喜马拉雅期，进入陆内造山阶段，断裂不具划分意义，但活动强度十分剧烈，与一系列大体同步走向、变形机制基本雷同的断裂一起组成一个个北北西向具右行滑移的鄂拉山走滑构造带，控制了印支期中酸性岩浆岩的侵位和区域晚三叠世火山沉积盆地的分布，该带小震群分布，表明为一活动性构造[3]。断裂切穿第四纪冲洪积层表明其现今仍在活动，属继承性多期活动的右行压扭性复活断裂。

3. 尕让—人巫断裂

该断裂北起尕让，东南沿坎布拉、阿什贡东，越过黄河经人巫延入南邻图幅，区域上出图后向南延至岗察寺院以南，全长可达 100km 以上，是共和盆地的东界控盆断裂。该断裂向北西延伸至青海湖，止于官卜改附近。

该断裂两侧地形地貌反差较大，东侧为陡峻的扎马山，西侧为低缓的贵德盆地低山丘陵，相对落差逾 1000m。断裂走向近南北，为断面东倾逆断层，倾角为 50°～60°。发育宽 100～200m 的挤压破碎带，带内碎裂岩、断层泥、挤压透镜体、擦痕、挤压页理及节理十分发育，并有大量的方解石脉穿插。两盘岩层拖曳现象及页理与主断面所夹锐角指示该断裂具以逆冲为主兼右行走滑特征。

共和盆地构造单元划分上表现为"三拗夹两隆"的构造格局（图 2.1.2）。主要发育中三叠世花岗岩类，一定深度和温度下的花岗岩体成为干热岩热储[3]。

2.1.2　地层层序特征

1. 地层划分

共和盆地地层主体属东昆仑—秦岭地层分区中的万宝沟—鄂拉山地层分区、宗务隆山地层分区和泽库地层分区，北东侧跨南祁连地层小区（以青海湖南山断裂为界），西跨柴达木盆地北缘地层区（以哇洪山断裂为界）。盆地周边分布地层极为复杂，古元古代—新生代均有不同程度的出露，整体上以中生代的三叠纪地层出露最为广布，基本上构成了共和盆地的基底。盆地内部沉积物大部分为全新世沉积物，部分丘陵地段分布早更新世湖相冲积物，构成盆地中的古夷平面，在贵德盆地中发育大面积的古近纪—新近纪陆相红色碎屑岩建造。共和盆地区域地层见图 2.1.3。中生代以前的各地层单位及岩石组合特征见表 2.1.1。

新生代以前的沉积地层主要分布在共和盆地周边，主要有下三叠统洪水川组（T_1h），下—中三叠统隆务河组（$T_{1-2}l$），中三叠统切尔玛沟组（T_2q）、古浪堤组（T_2g）、希里可特组（T_2x），上三叠统鄂拉山组（T_3e）、日脑热组（T_3r），下—中侏罗统羊曲组（$J_{1-2}yq$），下白垩统多禾茂组（K_1d）、万秀组（K_1w）及上白垩统民和组（K_2m）。

实际上下三叠统洪水川组，下—中三叠统隆务河组、中三叠统古浪堤组及上三叠统鄂拉山组、日脑热组是构成共和盆地边缘的主体地层，主要分布在盆地边缘和盆地内部，少量的下—中侏罗统羊曲组、下白垩统麦秀群沉积地层零星分布在共和盆地东侧的山间断陷盆地中。

新生代地层主要零星分布于一些较为局限的陆相盆地中。主要有古近系西宁组（Ex），新近系咸水河组（N_1x）、临夏组（N_2l）及油沙山组（N_2y），均为一套陆相河湖相红色碎屑岩建造。新近系临夏组是共和盆地的主要组成部分，也是目前发现的干热岩矿

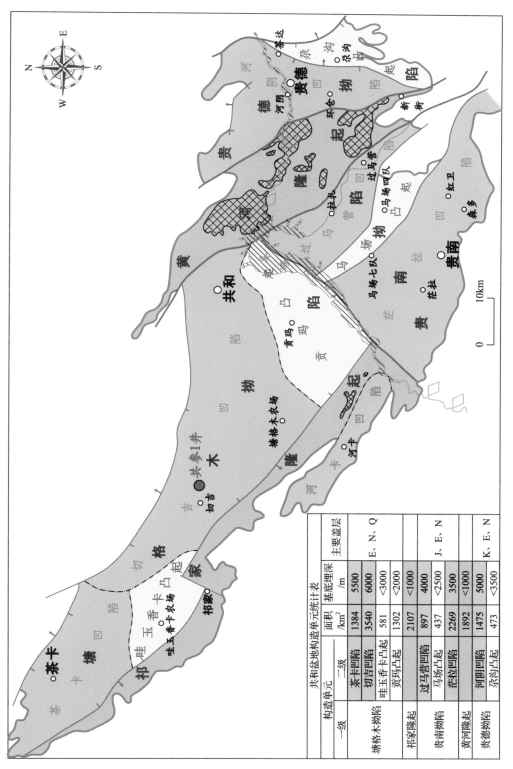

共和盆地构造单元统计表				
构造单元		面积 /km²	基底埋深 /m	主要盖层
一级	二级			
塘格木坳陷	茶卡凹陷	1384	5500	E、N、Q
	切吉凹陷	3540	6000	
	哇玉香卡凸起	581	<3000	
	贡玛凸起	1302	<2000	
祁家隆起		2107	<1000	
贵南坳陷	过马营凹陷	897	4000	J、E、N
	马场凸起	437	<2500	
	茫拉凹陷	2269	3500	
黄河隆起	河阴凹陷	1892	<1000	K、E、N
贵德坳陷	泵沟凸起	1475	5000	
		473	<3500	

图2.1.2　青海共和盆地构造单元

界	系	统	组	柱状图	厚度/m
新生界	第四系	全一中更新统Q₄₋₂			<300
	新近系	上新统	共和组Q₁₋₂ᵃ¹⁻¹g		<1500
		中新统	临夏组(N₂l)		>185
			咸水河组(N₁x)		>468
新生界	古近系		西宁组(Ex)		>100
中生界	三叠系	中统	古浪堤组T₂g		>5978
		下中统	隆务河组T₁₋₂l		<300
			印支期侵入岩		

(b)

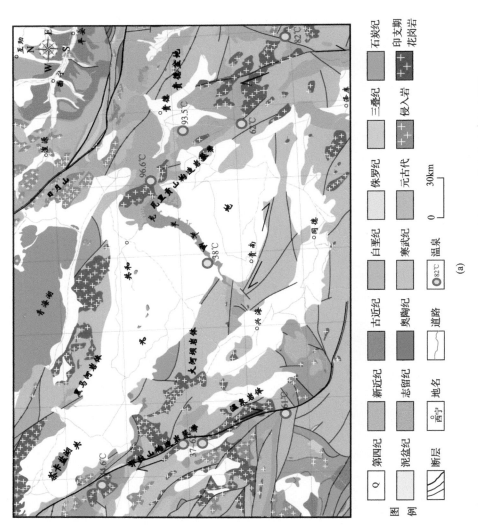

图例

	第四纪		新近纪		古近纪		白垩纪		侏罗纪		三叠纪
	泥盆纪		志留纪		奥陶纪		寒武纪		元古代		石炭纪
西宁 地名		侵入岩		印支期花岗岩
断层		道路		82℃ 温泉

(a)

图2.1.3 共和盆地区域地层图

表 2.1.1　中生代以前各地层单位及岩石组合特征表

时代	地层单位	代号	岩性组合	沉积环境
中生界	上白垩统民和组	K_2m	为紫红色砂岩、砂砾岩夹砂岩	淡水滨湖相
	下白垩统万秀组	K_1w	为灰褐色—灰紫色复杂成分砾岩夹岩屑长石砂岩、粗砂岩	陆地河湖相
	下白垩统多禾茂组	K_1d	为紫红色复杂成分砾岩、细粒长石砂岩、含砾粗砂岩、泥岩夹紫红色玄武岩、玄武安山岩、碱性玄武岩及火山角砾岩,局部夹少量白云质灰岩	陆内裂谷环境
	下—中侏罗统羊曲组	$J_{1-2}yq$	为紫红色砾岩、灰绿、紫红色中—细粒砂岩、粉砂岩、页岩、粉砂质泥灰岩,中部为灰绿色复杂成分砾岩	稳定的陆间湖相沉积环境
	上三叠统日脑热组	T_3r	下部以安山质熔岩、火山碎屑岩为主;中上部为安山岩、英安岩和中-酸性火山碎屑岩	陆相、滨浅海相碎屑岩沉积环境
	上三叠统鄂拉山组	T_3e	下部以中基性火山岩为主夹碎屑岩,上部以中-中酸性火山岩为主夹碎屑岩	陆相、滨浅海相碎屑岩沉积环境
	中三叠统希里可特组	T_2x	自下而上岩性为细砾岩、含砾岩屑粗—中砂岩、细-粉砂岩、砾质岩屑砂岩	滨浅海砂泥岩—砾岩夹火山岩建造
	中三叠统切尔玛沟组	T_2q	下部为灰色钙质粉砂岩夹生物碎屑灰岩;中部为浅灰—灰色中细粒长石砂岩与粉砂岩、粉砂质页岩互层夹薄层灰岩;上部为灰—灰绿色中厚—厚层状钙质粉砂岩、粉砂质页岩	滨海动荡环境
	中三叠统古浪堤组	T_2g	下部为灰色杂砂岩、岩屑杂砂岩夹粉砂板岩夹生物屑灰岩、砾岩;上部为浅灰绿色中厚层状中细粒岩屑长石砂岩、长石石英砂岩夹深灰绿色薄板状泥钙质粉砂岩,偶夹少量薄层微晶灰岩	次深海—滨浅海环境
	下—中三叠统隆务河组	$T_{1-2}l$	以一套灰绿色—灰黑色—黑灰色砂岩、粉砂岩为主,偶夹薄层灰岩、泥灰岩,局部夹不稳定砾岩	浅海—半深海环境
	下三叠统洪水川组	T_1h	下部为灰色细砾岩、含砾不等粒长石岩屑砂岩、岩屑长石砂岩、粉砂岩、粉砂质钙质板岩,偶夹泥晶灰岩;上部为砂质板岩、泥质板岩、砂岩板岩互层夹流纹质晶屑玻屑凝灰岩	潮汐三角洲相,形成于弧后前陆盆地环境
古生界	中二叠统切吉组	P_2q	下部为玄武安山岩、辉石安山岩、安山质凝灰熔岩夹岩屑砂岩、泥岩;中部为长石砂岩、石英砂岩、粉砂质板岩夹灰岩透镜体;上部为粉砂质板岩、粉砂岩、长石岩屑砂岩及砾岩	滨浅海环境过渡带,形成于火山弧环境
	下二叠统果克山组	P_1g	浅灰色、灰色灰质砾岩、灰白色—灰色结晶灰岩、生物灰岩、浅灰—灰色砾岩夹板岩	潮汐三角洲相,陆缘裂谷环境
	上石炭统—下二叠统土尔根达坂组	C_2—P_1t	灰—灰黑色石英长石砂岩夹含碳质长石粉砂岩及粉砂质板岩、绢云母石英千枚岩并夹少量石墨结晶灰岩、含碳质结晶灰岩及碳质板岩	陆架泥,形成于陆缘裂谷环境
	下石炭统阿木尼克组	C_1a	灰黑色中粗粒硬砂质砂岩、细砾岩、含砾砂岩夹细砂岩、中酸性凝灰熔岩,顶部为一层结晶灰岩	
	上泥盆统牦牛山组	D_3m	上部为灰紫—灰绿色安山岩、安山质集块岩、晶屑凝灰熔岩、英安岩、粗安岩、流纹岩等;下部为灰紫色粗砾岩、含砾粗砂岩及泥岩等	板内裂谷环境下的火山岩碎屑岩建造
	寒武系—奥陶系滩间山群	$\in$—OT	下部为灰—绿色长石砂岩、粉砂岩、泥质板岩夹杂色复杂成分砾岩;上部为灰绿色中酸性熔岩凝灰岩、灰紫色玄武安山岩、安山岩及少量粉砂岩	半深海斜坡扇相,形成于火山弧环境

时代	地层单位	代号	岩性组合	沉积环境
元古代	长城系小庙组	Chx	斜长角闪岩、角闪斜长片麻岩、二云斜长变粒岩、二云长石石英片岩、二云片岩、含石墨石英岩、含石墨透闪大理岩、粗粒白云大理岩	火山-陆源碎屑岩建造，初始大陆裂谷环境
	金水口岩群	Pt_1J	黑云斜长片麻岩、二云斜长片麻岩、角闪斜长片麻岩、斜长角闪(片)岩、变粒岩、石英片岩、云母片岩及块层大理岩	低角闪岩相，被动大陆边缘环境
	达肯大坂岩群	Pt_1D	石榴斜长角闪(片)岩、黑云斜长角闪片麻岩、黑云变粒岩、二云石英片岩、角闪石英片岩、石榴石英岩、条带状大理岩	高角闪岩相，活动大陆边缘环境
	托赖岩群	Pt_1T	含石榴黑云斜长片麻岩、黑云二长片麻岩、混合岩化二云片岩和黑云石英片岩、角闪黑云变粒岩、含石榴浅粒岩等	高角闪岩相，高级变质基底杂岩

产的盖层，控制着干热岩的埋深和热的储存及扩散，是十分重要的控矿地层。

(1)西宁组为一套紫红色、砖红色咸水湖相碎屑岩沉积，主要岩石类型为紫红色、砖红色黏土岩、粉砂岩、砂岩、砾岩夹细砂岩，含大量石膏层。

(2)咸水河组为一套紫红色、砖红色陆相粗碎屑岩沉积，主要岩石类型以中—厚层状砾岩为主，夹少量粗砂岩、含砾粗砂岩，偶见少量青灰色粉砂岩。

(3)临夏组为一套陆地湖相沉积，主要岩石组合为杂色泥岩夹泥灰岩及中层状细砾岩。该地层为共和盆地的主体地层，是干热岩矿产的重要盖层。

(4)油沙山组为一套陆地浅湖—半深湖相沉积，主要岩石组合为灰绿、黄绿、灰黄色粉砂质泥岩与泥质粉砂岩互层，普遍含泥质条带、泥灰质结核和膏岩细脉，发育水平层理、小型斜层理、波状层理及交错层理。

第四系作为盖层沉积跨越了测区所有的构造单元，在共和盆地中大面积分布，厚度大，其中以下更新统共和组($Q_{p1}g$)河湖相沉积物厚度最大，在恰卜恰青年公园 R1 号地热井揭露第四系厚 583m，在切吉凹陷内共参 1 井揭露第四系厚达 1076m。其次为中更新世冰碛物(Q_{p2}^{gfl})、上更新世冲积-洪积物(Q_{p3}^{alp})及全新世沉积物沼泽堆积(Q_h^f)、风积物(Q_h^{eol})、冲积-洪积物(Q_h^{alp})、冲积物(Q_h^{al})。

2. 侵入岩

共和盆地周边构造活动极为复杂，岩浆活动比较强烈，活动时期从晋宁期—加里东期—燕山期均有，加里东期的岩浆活动主要分布在盆地西侧和北东侧，规模也比较局限，而印支期(晚三叠世)岩浆活动在区内分布最为广泛，规模也较大，基本包围了整个共和盆地，形成北西向分布的长条状岩基，区域上构成一条规模巨大的中生代岩浆岩带(图 2.1.4)。

晋宁期侵入岩主要为一套条痕—眼球状二长花岗片麻岩和条带—眼球状花岗质片麻岩变质建造。

加里东期侵入岩主要为奥陶纪的超镁铁质岩、辉长岩、闪长岩、英云闪长岩、花岗闪长岩，以及志留纪的花岗闪长岩和泥盆纪的花岗闪长岩等中酸性侵入体。

印支期侵入岩是区内最主要的火成岩岩石，侵入体分布最为广泛、规模最大，岩

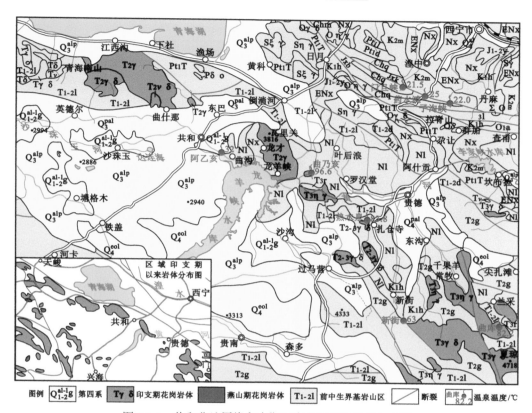

图 2.1.4　共和盆地周缘印支期以来主要花岗岩体分布图

石类型复杂，中二叠世—晚三叠世均有不同规模的岩浆侵入活动发生，呈北西向条带状分布在共和—贵德盆地边缘。中二叠世侵入体位于茶卡北侧的嘎维吉地段，为最早形成的侵入体，呈北西-南东向条带状较大岩基状产出，与区域性断裂方向一致，是宗务隆构造带闭合后受到宗务隆—青海南山区域性断裂构造长时间活动的产物，显示被动侵位特点，可分为早期的酸性岩类和晚期的中性岩类两种类型。早三叠世侵入体主要分布在共和盆地西北角，由于受后期侵入体的吞噬，侵入体以不规则岩枝状产出，大部分地段被第四纪沉积物掩盖，部分地段被上三叠统鄂拉山组呈喷发不整合覆盖。中三叠世侵入岩主体位于黑马河—龙羊峡一带，零星分布在茶卡盐湖北西侧，地表出露相对较完整，受后期构造改动较弱。晚三叠世侵入体是该构造岩浆岩带最主要的组成部分，主要集中在鄂拉山—兴海和同仁—泽库一带，少量分布在茶卡盐湖北侧，整体上呈规模较大的岩基状产出，具有明显的中心式环状特点，侵入下—中三叠统隆务河组、中三叠统古浪堤组和上三叠统日脑热组、华日组火山岩中，局部地区被下—中侏罗统羊曲组、下白垩统万秀组角度不整合覆盖。早侏罗世侵入岩呈岩枝状、岩脉状零星分布在茶卡盐湖东南侧的哈莉哈德山—切龙—莫日和青海湖南侧的江西沟、贵德盆地的扎仓沟地区，是该岩浆岩带最新岩浆侵入活动的产物，规模小。各时代侵入体的岩石组合特征见表 2.1.2。

表 2.1.2　各时代侵入体的岩石组合特征表

时代	岩性组合	包体发育特征	同位素年龄
早侏罗世	正长花岗岩和斑状正长花岗岩	正常中发育异源包体	199Ma(K-Ar) 200Ma(K-Ar)
晚三叠世	花岗闪长岩、似斑状花岗闪长岩、二长花岗岩和正长花岗岩	发育深源闪长质包体和早期侵入岩的包体,与寄主岩界线清楚	205.94~239.1Ma(U-Pb) 206~232Ma(Rb-Sr) 190~233Ma(K-Ar)
中三叠世	角闪辉长岩、角闪闪长岩、石英闪长岩、花岗闪长岩、似斑状花岗闪长岩、含黑云母角闪二长花岗岩、似斑状二长花岗岩	除了辉长岩、闪长岩和石英闪长岩中未见包体外,其余侵入体中均发育较多的深源闪长质包体	240.9~247.2Ma(U-Pb)
早三叠世	石英闪长岩、花岗闪长岩和二长花岗岩	花岗闪长岩和二长花岗岩中均普遍发育闪长质包体	243.3Ma(U-Pb) 249.7Ma(U-Pb)
中二叠世	石英闪长岩		261.3Ma(U-Pb)
	含黑云母二长花岗岩、花岗斑岩、正长花岗岩	花岗斑岩中局部见少量闪长质包体	262.4~263.6Ma(U-Pb)

3. 火山岩

该区域的火山活动起始于中生代早期,终止于中白垩世,时代跨度较大,属陆相火山喷发活动。纵观区内火山活动,其与区域构造演化和印支晚期陆内逆冲逆掩造山活动及高原隆升阶段断裂走滑活动导致拉分盆地或陆内裂谷作用是密不可分的。其中晚三叠世火山活动较为强烈,分布面积较广,主要分布在麦秀林场—兰采林场一带的多福屯群日脑热组、华日组内,呈近南北向条带状展布。早白垩世火山岩集中分布在泽库多福屯—多禾茂一带的多禾茂组内,呈近南北向条带状、不规则状展布。

上三叠统日脑热组火山岩为一套基性—中基性火山岩夹陆相火山碎屑岩及砾岩、碳质页岩等正常陆相碎屑岩的岩石组合。火山活动由大量熔岩溢流开始,变化为强烈爆发的韵律,最后以大量熔岩溢流结束。显示火山活动逐渐增强,火山岩相上为溢流相→爆发相。华日组火山岩为一套中酸性—酸性火山岩夹火山碎屑岩,表现出由溢流相→爆发相的韵律性演化规律,火山机构为中心式—裂隙式;火山堆积物较厚,整个晚三叠世火山经历了喷溢→爆发→间歇→喷溢→爆发的演化过程。日脑热组安山岩中锆石 U-Pb 法测年值为 240Ma±14Ma,华日组英安岩中锆石 U-Pb 法测年值为 221Ma±8.8Ma,结合其角度不整合在中三叠统古浪堤组之上并被晚三叠世花岗岩侵入接触的关系,确定其为晚三叠世陆相火山地层。火山岩属高钾钙碱性系列,稀土元素显示为轻稀土富集型,Eu 具明显负异常,区内同期侵入岩为富钾钙碱性花岗岩型(KCG),因此华日组火山岩的构造背景成因与晚三叠世花岗岩成因基本一致,即在陆-陆后碰撞时期地壳加厚、岩石圈拆沉的地球动力学背景作用下,地壳岩石部分熔融并喷出地表,表明其为典型的晚三叠世陆相火山岩。

下白垩统多禾茂组不整合在中三叠统古浪堤组和上三叠统华日组之上,上部被西宁组和临夏组角度不整合覆盖。岩性为块层状、杏仁状玄武岩,橄榄拉斑玄武岩,玄武安山岩等,其间以夹灰紫色复杂成分砾岩为特点。其火山活动表现为间隔性火山喷溢相→火山喷溢→爆发→间隔性火山喷溢相→沉积的由弱→强→弱→结束的多韵律性活动规律，具裂隙—中心式盾状火山机构的特点。块层状橄榄玄武岩的 SiO_2 含量介于 42.26%～47.12%，属碱性—拉斑系列玄武岩，岩石稀土元素 $\sum REE$ 在 114.97×10^{-6}～191.16×10^{-6}，属轻稀土富集型，δEu 在 1.05～1.63，Eu 具轻度正异常，微量元素分析结果中 K、Rb、Ba、Th、Ta、Nb、Ce 等元素不同程度地富集，而 Hf、Zr、Sm 等元素表现为呈接近 1 的平坦型分布，Y、Yb 明显亏损，与板内玄武岩(拉斑—碱性)配分形式一致。多福屯地区玄武岩中有 112Ma±1Ma 的同位素测年资料[4]，多禾茂组中采集到较多以 *Classopollis- Osmundacidites* 为主的孢粉化石组合代表了早白垩世干旱的热带—亚热带气候，结合同位素时代表明其形成时代为早白垩世。其形成环境为陆内拉张环境下类似大陆裂谷环境下的岩浆活动产物，它的形成与多福屯—多禾茂一带的南北向断裂的右行走滑作用而导致的拉分盆地关系密切，可能是拉分到最大阶段出现类似陆内裂谷环境的陆相火山岩+红层沉积，其上整合万秀组类磨拉石沉积表明陆内裂谷的夭折。

2.1.3　干热岩岩石特征

1. 分布范围

初步调查资料显示，整个共和盆地底部均为干热岩分布的可能性较大。根据 1∶5 万航磁测量数据圈定出 15 处干热岩勘查开发目标靶区。其中，恰卜恰地区勘查控制的干热岩分布面积为 $246.7km^2$，东起阿乙亥，西至恰卜恰西缘，南到塔迈，北至共茶高速公路；贵德扎仓沟地区勘查初步圈定干热岩资源评价面积为 $75km^2$。

2. 埋藏深度

根据区域地质调查和干热岩勘查资料，共和盆地上部被厚度巨大的新近系上新统临夏组及下更新统共和组陆相-河湖相碎屑岩覆盖，新近系上新统临夏组湖相沉积物厚度为 940～1400m，岩性大部分由泥岩、粉砂岩等细碎屑岩组成。在地表压力作用下，泥岩、粉砂岩等细碎屑岩经过脱水形成比较致密的隔挡层，与盆地边缘形成了一个良好的密闭环境，有效阻止了深部热流向地表浅部的运移和扩散，起到了良好的隔热保温作用。

根据可控源音频大地电磁测深、重力剖面推测资料，结合钻探验证，恰卜恰地区基底埋深在 1000～1400m，岩体表面呈西低东高的趋势，钻探表明 180℃ 以上的干热岩分布在 2880m 以下。总体上，干热岩埋深基本稳定，不受地表地形的影响。

钻孔资料显示，共和盆地干热岩为印支期侵入岩，埋深为 1300～1500m。盖层以下 0～8m 为强风化层，8～300m 岩体较为破碎，呈碎裂状，300m 以下岩石总体相对完整，但受区域构造影响部分地段节理较为发育，并且呈分段发育特征。节理不发育的岩石厚度一般在 44.0～94.8m，最小厚度为 17.2m，岩心呈长柱状，隔水、隔气效果极好；节理发育的岩石厚度一般在 29.0～94.3m，最大厚度 134.5m，岩心为 3～13cm 的短柱状，节理呈开启状，无充填物，线裂隙率 0.1%～0.3%。断裂构造通过地段发育 34.1m 左右的构造破碎带，岩石呈角砾状，无充填物，裂隙孔隙连通性好。3000m 以下花岗岩岩石节理发育，岩石较为破碎，岩心饼化严重。

3. 岩性特征

恰卜恰地区干热岩岩石为中酸性侵入岩，岩石类型极为复杂，岩性有灰色中细粒花岗闪长岩、灰白色中粗粒花岗闪长岩、灰白色中粗粒似斑状花岗闪长岩、浅灰红色中细粒二长花岗岩、浅灰红色中粗粒似斑状二长花岗岩、浅肉红色中粗粒二长花岗岩、肉红色中细粒正长花岗岩等，在龙羊峡北侧岩体中发育大量的闪长岩玢岩脉、花岗斑岩脉、花岗细晶岩脉、正长花岗岩脉及石英脉。

扎仓沟干热岩的岩石类型属于中—酸性花岗岩类。与中国同类花岗岩矿物含量的平均值相比，花岗闪长岩 FeO、MgO、CaO 含量较高，尤其是 MgO 含量高出该平均值 5 倍；Al_2O_3、Fe_2O_3、K_2O、Na_2O 含量较低。二长花岗岩和正长花岗岩与该花岗岩平均值相比 FeO、MgO、CaO 含量相对较高；而 Fe_2O_3、Na_2O 含量较低。岩心全岩分析得出 ZR2 井岩心样品的化学元素含量大致相同，Si 的含量在 50%以上，其次为 Al、Fe、Ca、Mg、Na、K、Ti、P、Mn。共和(恰卜恰)地区、贵德(扎仓沟)地区侵入岩岩性相近，主要矿物组分类似，侵入时期相近，同为中酸性深成岩，说明在共和盆地这一大的构造环境内，两个地区侵入岩很可能为同一期，进而从岩石矿物学方面证明二者为同源。不同的是，扎仓沟地区侵入岩中黑云母含量明显较高，钾长石含量较少，而恰卜恰地区两类矿物含量与扎仓沟地区几乎呈相反的特征。

不同色调的似斑状花岗闪长岩之间在色调、成分、基质粒度和斑晶含量、大小上都具有明显的差异，二者之间的接触界线呈一种过渡关系；二长花岗岩与似斑状花岗闪长岩之间存在宽度在 10～20cm 的塑性流变带，各类矿物沿深灰色似斑状花岗闪长岩和包体边部呈定向排列，尤其是长石斑晶定向最为明显，与二长花岗岩呈混合过渡关系，显示出塑性流动特征；在灰白色中细粒花岗闪长岩中见有较多的浅灰色似斑状花岗闪长岩被熔蚀的残留团块，该团块大小不一，为浑圆状，团块中的节理构造被切断，环绕团块显示明显的流线构造，局部发育长石巨晶。上述特征反映各侵入体之间无冷凝边和烘烤边，为热接触关系，不同成分岩类之间界线不清楚，具明显的塑性流动现象，为黏稠的热接触关系，这种接触关系反映区内各时期岩浆深部脉动流间隔时间较短，晚期的热岩浆在早期分异的岩浆脉动流未完全冷却条件下或者是在塑性状态成分各异的热岩浆体中以不同速度脉动上侵定位。通过锆石法测龄，在共和恰卜恰钻孔的花岗岩中获得了 248Ma±2Ma、247Ma±1Ma、246Ma±2Ma、245Ma±1Ma、243Ma±1Ma、227Ma±1Ma、226Ma±2Ma、225Ma±1Ma、224Ma±2Ma 九组锆石 U-Pb 年龄成果，贵德扎仓沟地区在钻孔的花岗岩中获得的锆石 U-Pb 年龄在 214～230Ma，表明区内早、中、晚三叠世三个时代的侵入体相互穿插在一起，并显示相互混溶的特征。

4. 热力学特征

对 17 个花岗岩样品进行的岩石热力学试验测试结果表明，岩石比热容为 0.815～1.286kJ/(kg·K)，平均值为 0.9889kJ/(kg·K)；导热系数为 2.1436～3.3054W/(m·K)，平均值为 2.8454W/(m·K)；密度为 2.41~2.82g/cm³，平均值为 2.61g/cm³。具体的干热岩岩石(花岗岩)热力学试验数据见表 2.1.3。

表 2.1.3 干热岩岩石(花岗岩)热力学试验数据表

序号	样品名称	样品编号	测试温度/℃	密度/(g/cm³)	比热容/[kJ/(kg·K)]	导热系数/[W/(m·K)]
1	H1-1	037	13.4	2.51	1.045	2.9769
2	H1-2	038	13.3	2.52	0.987	2.9635
3	H1-3	039	14.5	2.49	0.945	2.9755
4	H2-1	040	13.3	2.54	1.123	2.9736
5	H2-2	041	16.2	2.56	1.048	2.9698
6	H2-3	042	15.8	2.53	1.019	2.9675
7	H3-1	043	14.5	2.65	1.004	2.9161
8	H3-2	044	13.3	2.67	0.981	2.9126
9	H3-3	045	15.1	2.66	0.952	2.9189
10	H5-1	046	17.9	2.68	0.884	2.9153
11	H5-2	047	17.7	2.67	0.901	2.9128
12	H5-3	048	16.8	2.65	0.934	2.9255
13	H6-1	049	15.1	2.82	0.815	2.1458
14	H6-2	050	14.5	2.79	0.835	2.1436
15	H6-3	051	15.3	2.81	0.911	2.1568
16	H3-4	052	13.8	2.42	1.286	3.3054
17	H3-5	053	12.9	2.41	1.142	3.2923

5. 放射性特征

柴达木盆地的岩石放射性平均生热率 A 值高($2.23×10^{-6}$W/m³)，柴达木盆地北缘及祁连山体的岩石放射性平均生热率 A 值低($1.54×10^{-6}$W/m³)，花海盆地的岩石放射性平均生热率 A 值高($2.20×10^{-6}$W/m³)，酒东盆地的岩石放射性平均生热率 A 值高($2.78×10^{-6}$W/m³)。显然岩石放射性平均生热率 A 值与山区和盆地的热流值呈负相关关系，这种超乎常规的热分布格局，除其他因素影响外，可能有其深部或构造热背景的原因。根据区域地质矿产调查报告[5]，江西沟—龙羊峡以相对富集 Mo、Na₂O、Li、Be、La、K₂O、SiO₂、U、Th、Rb、Sn 等亲酸性物质为特征，具体代表着以党家寺、江西沟印支晚期大规模花岗岩活动为特征的陆相碎屑岩沉积环境。

在相应的地球化学图中可以看到：党家寺、江西沟岩基虽产于同一地质单元、同一地质时期，但其岩浆地球化学作用仍表现有一定的共性与差异，即具备高 K₂O、Be、Li、F、Y、Rb、Zr，低 SiO₂、Cr、Ni 的共性。前者富含 B、W、Mo、As、Rb、Sb、Au、Cu、Hg、Cd、Ag 元素，而后者对于该类元素恰恰表现为较贫乏，其差异性反映党家寺岩体结晶分异作用完全，富含挥发分，成矿元素比较充裕，有利于有用矿产富集成矿。而江西沟岩体结晶分异作用相对较差，后期热液作用不充分，对成矿相对不利。后河沟—石乃亥以富含 CaO、Sr、Cr、Ni、Co、Fe₂O₃、MgO、V，贫 U、Th、W、Sn、K₂O、SiO₂、La、Rb、Be 为显著标志，反映存在基性岩浆活动、富含碳酸盐岩的海陆交互相沉积环境。根据区域地质调查成果，其形成时代应较江西沟—龙羊峡地区早。以 Mo 元素为主的异常有 5 个，主要位于青海南山一线及瓦里关酸性岩体中，除岩体中的拉骨异常和测区北部化隆岩群中的切海大哇异常为乙类异常外，其余位于隆务河组中的三个异常均为丙类异常。从元素组合来看，拉骨异常和切海大哇异常与岩体关系较密切，具有高温元素组合的特征，特征组合复杂。研究区的检测试验资料反映，恰卜恰地区钻孔中花岗岩的 U 含量一般在 4.01～8.76μg/g，最小值为 1.35μg/g，最大值为 25.3μg/g，平均值为 10.64μg/g；Th 含量一般在 16.2～24.8μg/g，最小值为 5.96μg/g，最大值为 38.1μg/g，平均值为 24.29μg/g；K 含量一般在 2.27%～2.94%，最小值为 1.29%，最大值为 4.49%，平均值为 3.11%。恰卜恰地区花岗岩与中国花岗岩中的 U(2.8μg/g) 和 Th(16.8μg/g) 丰度值相比，U 平均含量高出约 3 倍，而 Th 平均含量高出 0.45 倍左右。含环境本底 γ 照射量率为 3.25×10^{-6}～4.33×10^{-6}C/(kg·h)，不含环境本底 γ 照射量率为 0.28×10^{-6}～1.33×10^{-6}C/(kg·h)。整体上侵入岩中的放射性元素含量相对稳定，未出现局部富集现象。贵德扎仓沟地表 ZR1、ZR2 钻孔岩心花岗岩放射性 U 含量一般在 4.53～30.54μg/g，最小值为 1.75～3.48μg/g(在 ZR1 钻孔集中分布)，最大值为 18.94～62.81μg/g(在 ZR2 钻孔集中分布)，平均值为 16.81μg/g，是全国 U 异常分布特高异常下限(6.12μg/g) 的 2.75 倍；Th 含量一般在 2.56～5.71μg/g，最小值为 1.45～2.46μg/g，最大值为 6.57～15.25μg/g，平均值为 5.74μg/g；K 含量一般在 2.27%～3.46%，最小值为 0.22%～1.75%，最大值为 4.55%～6.98%，平均值为 2.70%。对比而言，扎仓沟地区花岗岩 U、Th、K 放射性含量分别是中国大陆地壳和岩石圈 U、Th、K 背景值的 8.24 倍、0.74 倍、1.32 倍，是中国大陆地壳印支期花岗岩 U、Th、K 背景值的 7.79 倍、0.57 倍、1.22 倍，呈现出"高铀、高钾"特征。从共和盆地周边花岗岩年龄上看，共和盆地花岗岩年龄位于 218～235Ma(即印支期)，较澳大利亚 Hahana 场地的印纳名卡(Innamincka)花岗岩(300～320Ma，即石炭系)年轻，其放射性生热率应该比 Innamincka 花岗岩大。为查明共和盆地花岗岩放射性生热率的大小及其对该区地热异常的热贡献，鉴于目前还没有公开发表的关于共和盆地花岗岩的放射性生热率数据，从共和盆地主要钻井岩心样品的放射性生热率测试和秦岭—祁连—昆仑造山带印支期花岗岩放射性生热率数据的汇编两方面来进行研究分析。共和盆地恰卜恰地区花岗岩放射性含量相对较低，表明共和盆地恰卜恰地区的花岗岩放射性对干热岩热源的形成贡献不是主要的。

6. 温度特征

2011 年以来，共和盆地共布置了 GR1、GR2、DR3、DR4、ZR1、ZR2 六个干热岩钻孔，共和盆地恰卜恰地区钻孔(GR1、GR2、DR3、DR4)在井深超 2922m 时，岩体温度均达到 180℃以上，井深 3705m 岩体温度达到 236℃；贵德扎仓沟地区钻孔(ZR1、ZR2)仅 ZR2 在井深超 4100m 时岩体温度达 180℃，井深 4721m 时岩体温度达到 214℃。

共和盆地干热岩钻孔测温数据及终孔的稳定测温曲线(图 2.1.5)[5]反映，随着花岗岩体深度的增加，岩体温度明显增加，在 3700m 花岗岩体温度达到 236℃，地温梯度达 6.1℃/100m 以上，且不同地段地温梯度基本一致，但施工时不同深度段的梯度差异明显。据 DR3 钻孔初始测温资料，在花岗岩与泥岩接触带，由于盖层影响，地温梯度高达 13.7℃/100m，岩体内部的地温梯度变化与岩体完整程度有关，大厚度完整岩体地温梯度相对较小，地温梯度在 3.9℃/100m 左右，裂隙发育岩体的地温梯度较高，往往大于 6℃/100m，尤其是断裂带内的地温梯度最高，可达 14℃/100m。

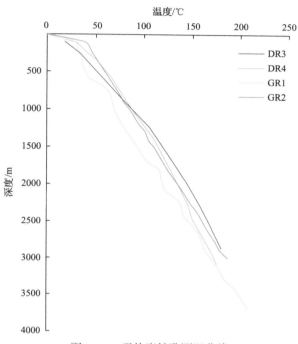

图 2.1.5 干热岩钻孔测温曲线

在 GR1 钻孔中垂向大地热流值介于 58.7～148.1mW/m²，算术平均值为 96.7mW/m²，热流值在 1353～1733m、2428～2818m 和 3082～3385m 区间变化较大，对比可知热流值的波动主要由温度梯度的突变引起，除上述三个区间的热流波动外，GR1 钻孔垂向热流值总体随深度增加呈现减小的趋势。在 DR3 钻孔中，热流值计算深度为 1520～2698m，热流值位于 75.1～159.5mW/m²，算术平均值为 114.0mW/m²，热流值最大值位于地温梯度最高处（1580m），热流值最小值位于 2698m 处，此处地温梯度与岩石热导率均最小，分别为 32.7℃/km 和 2.3W/(m·K)。此外，钻孔热流值随深度明显呈现减小的趋势。

在 GR1 钻孔中三个计算区间均具有相近的热流值，为 93～97mW/m²，与地下水活动影响有关，因此选取第一段与第三段的热流值来代表 GR1 钻孔平均热流值，距离加权平均值为 96.2mW/m²。在 DR3 钻孔中，以 2312m 为界将其分为上下两个深度区间段，上段平均热流值较高，为 123mW/m²，下段平均热流值仅为 96.7mW/m²。上下两段热流值的差异可能源于 DR3 钻孔的岩心样品取样深度间隔较大，现有热导率数据可能不足以代表地层的原始特点，要正确分析 DR3 钻孔上下两段热流的差异，需要将来做进一步的研究工作。根据第一、二段的热流值的加权结果，DR3 钻孔平均热流值为 114.7mW/m²。

GR2 钻孔平均热流值为 97.8mW/m²；DR4 钻孔平均热流值为 98.9mW/m²，恰卜恰地热异常区 4 口干热岩钻孔均表现出新生代构造的高热流特征。

根据深井温度随深度变化的曲线数值化结果(图 2.1.6)[5]，岩体地温梯度最高达 11.5℃/100m。2015 年中国科学院地质与地球物理研究所地热研究组在共和附近进行了稳态地温测量工作，实测了 DR3 钻孔的井温，其温度随深度的变化趋势见图 2.1.6(b)，地温曲线表现出传导型特征，温度随深度大致均匀增加，地温梯度接近 80℃/km，在 2000m 左右温度已达到 150℃，表现出巨大的干热岩资源潜能。

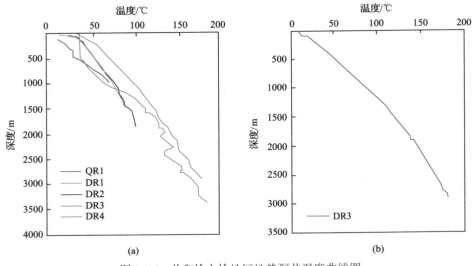

图 2.1.6　共和恰卜恰地区地热深井温度曲线图

分析结果显示 DR3、DR4 花岗岩段平均地温梯度分别为 41.2℃/km 和 39.0℃/km。因此，共和盆地 4 个钻孔主要高温花岗岩段的平均地温梯度介于 39～45.2℃/km，平均值为 41.3℃/km，与国际上主要增强型地热系统示范场地相比，温度梯度相类似，表明共和盆地具有丰富的干热岩地热资源。

ZR2 钻孔地层岩性及温度变化曲线(图 2.1.7)反映钻孔地层岩性以石英闪长岩、黑云母闪长岩及花岗闪长岩为主，自浅至深整体表现为颜色由浅变深、粒径由粗变细[6]。测温曲线显示 ZR2 钻孔 0～3400m 为中温热储，3400～4100m 为高温热储，4100m 处实测地层温度达到 180℃左右，故 4100～4721.60m 为干热岩。0～1650m 孔段地层增温率为 6.08℃/100m，1650～3000m 孔段地层增温率为 2.33℃/100m，3000～4100m 孔段地层增温率为 5.67℃/100m，4100～4602m 孔段地层增温率为 6.60℃/100m，4100m 以深地温超过 180℃，地层中以水蒸气为主，无水或仅含少量水，结合地层岩性的完整性来看，其属于干热岩资源。

2.1.4　干热岩形成机制

1. 地下热水分布与特征

1)地面调查特征

据不完全统计，截至 2020 年，青海已发现水温在 25℃以上的地下热水点 63 处，

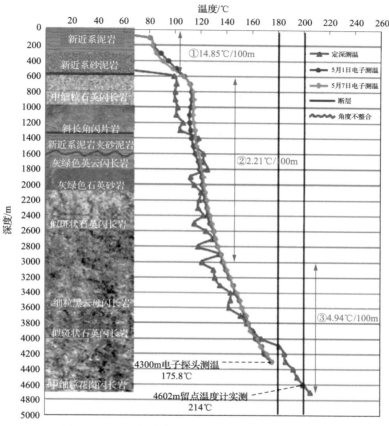

图 2.1.7 ZR2 钻孔定深测温和电测井温度变化曲线

其中，水温大于 60℃的较高温地下热水大多分布在秦祁昆接合部及其周边。尤其是大于 90℃的地热露头点均分布在以共和—贵德为中心的 $1.4×10^4km^2$ 范围内(图 2.1.8)，其分布范围在上述物探解译的侵入岩分布区之内。共和盆地及其附近共发现有十余处温泉和地热井，其中乌兰巴音格里温泉、兴海桑持沟温泉、兴海温泉乡温泉三处均沿温泉—瓦洪山北北西—北西向断裂展布；同仁兰采温泉、同仁曲库乎温泉等均沿大武—文都近北东向断裂展布；贵德曲乃亥温泉、贵德扎仓温泉、贵德新街温泉、共和曲沟温泉沿北西向断裂展布，其中以扎仓温泉和曲乃亥温泉温度最高，分别达到 96℃和 86℃，显示出了与断裂构造活动的密切关系。地热井主要集中分布在共和恰卜恰附近和贵德扎仓沟地区，地热温度在 151～214℃，并与扎仓温泉和曲乃亥温泉相距很近，表明该地段地热活动明显，近几年在贵德扎仓沟地区开展钻探工作，在 3300m 以下发现了 180℃以上的干热岩矿产，足以说明该地段是深部地热释放的重要场所。

共和地区井深小于 600m 的生产井或供水井有 20 余眼，孔深一般在 96～600.11m，孔口水温最大值为 42℃，大部分孔口水温在 18～36℃，总体上有水量大、水质优、温度低的特点，显示的地热异常极为明显。共和地区井深超过 860m 的地热井共有 17 眼，孔深为 860～3705m，孔口水温最大值为 105℃，大部分孔口水温为 64～95℃，总体上有水量较大、水质较优、埋藏浅、温度高的特点，地温梯度在 2.73～8.65℃/100m，平均值为 6.08℃/100m；大地热流在 73.71～224.46mW/m²，平均值为 158.10mW/m²。

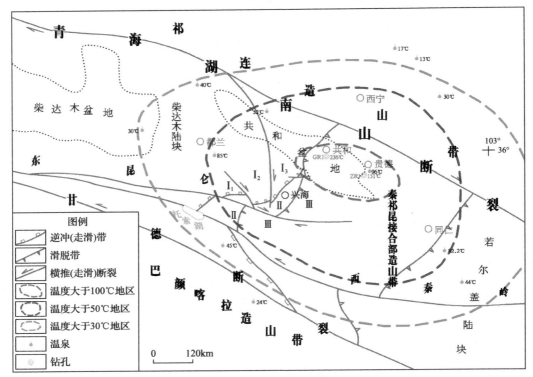

图 2.1.8　共和盆地周边地表温泉分布示意图

秦祁昆接合部造山带：Ⅰ-东昆仑东单元；Ⅰ₁-扎列里结晶基底带；Ⅰ₂-鄂拉山岩浆岩带；
Ⅰ₃-河卡山前陆逆冲断褶带；Ⅱ-苦海—兴海蛇绿混杂带；Ⅲ-西秦岭单元—巴沟逆冲滑脱构造带

2) 大地热流特征

据格尔木至额济纳旗地学断面(GT)成果，共和盆地内共获得 6 个实测热流值，介于 37～72mW/m²，平均值为 52.3mW/m²。区域上北祁连镜铁山一带的热流值为 70mW/m²；北缘酒东盆地的热流值为 51mW/m²，花海盆地的热流值为 50mW/m²，可以看出东昆仑至北祁连北缘盆地热流值呈现柴达木盆地低→柴达木盆地北缘高→祁连山高→酒东、花海盆地低的高低相间分布特征。从图 2.1.9[7]可以看出，青海北部地壳底部 40～60km 深度范围内热状态的差异：柴达木盆地北缘和北祁连地壳底部温度为 688～850℃；而两侧盆地处于较低的热状态，温度为 424～600℃；中南祁连的热状态介于上述两种状态之间，该图另一个显著的特征是柴达木盆地北缘断裂部位壳幔温度等值线呈集中的异常突起，说明该断裂在最近地质时期延续至今仍有因挤压应力场引发的摩擦剪切累加生热效应。此种构造活动和壳幔温度异常在祁连山北缘与共和盆地接壤处也有显示，但规模不及柴达木盆地北缘。

资料表明，祁连山属"山根型地壳"，同时具有"厚壳薄幔"的特殊壳幔结构和"热

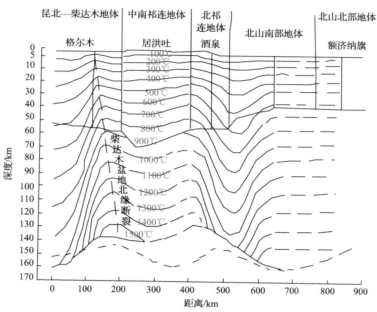

图 2.1.9　格尔木—额济纳旗地学断面走廊域二维壳幔温度分布示意图

壳热幔"的异常壳幔热结构,其形成机制可能与下地壳和上地幔变形诱发的局部地幔对流上涌使上地幔热流分量局部增强有关;而柴达木盆地为中厚地壳,具"冷壳冷幔"型壳幔热结构。

2. 干热岩形成的构造机制

1)盆地内部的断裂构造

在共和盆地内基岩主要出露在龙羊峡—扎仓沟一带(共和盆地和贵德盆地之间),该地段断裂构造密集发育,断裂以北西向、北东向和近南北向为主,少量断裂为近东西向。

2)隐伏断裂

航磁、重力异常解释和区域地质资料反映,共和盆地内隐伏断裂构造线主要有北西向、北东向和近南北向(图 2.1.10),造成共和盆地不再为一块整体,而是由数个块体组成,其中两条规模较大的北东向和北西向隐伏断裂构造在共和交会,在盆地深部有切割热源体的可能,由此认为这两条隐伏断裂的交会部位为深部岩浆或地热的上升、运移提供通道,促进了区内干热岩的形成。

据航磁、重力异常解译,经花石峡—兴海—共和—湟源的北东向隐伏断裂(F_1)从工区龙羊峡水库附近通过,向北东至湟源,断裂构造长达 500km,是规模较大的北东向隐伏断裂构造。在布格重力异常图上等值线密集呈梯级带,剩余布格重力异常图上显示两侧地壳结构的差异性明显,1∶100 万航磁异常呈现条带状、串珠状、线状强异常,与布格重力异常梯级带的位置一致。

另外泽库北侧的一条北西向隐伏断裂构造(F_2),经过马营和共和与沟后水库北侧

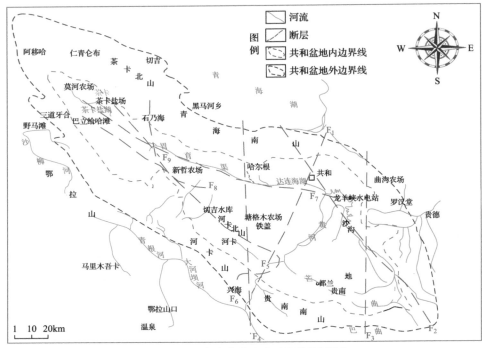

图 2.1.10　青海省共和盆地隐伏断裂图

的断裂相连,在盆地内隐伏通过。该断裂可能是过马营—恰卜恰断裂西端的延续部分,是古元古界化隆岩群和上古生界二叠系中吾农山群的分界断层,形成时代大致在印支早期,且具有多期活动的特点。

(1)北西向断裂:新哲农场—小水桥断裂(F_9),走向 NW320°,产状性质不详,长度 47.5km,东南部与新哲农场背斜西北端相接,与达连海断裂(F_7)相交;科滩塘—恰卜恰断裂(F_5)走向 NW342°,产状性质不详,长度 68.75km,东南部与赛什塘—大水桥断裂(F_1)、河卡北山—河卡滩断裂(F_4)相交,塘格木为多发地震区,可能与 F_1、F_4、F_5 三条断裂有关,推测 F_5 断裂为活动断裂。

(2)北西西向断裂:达连海断裂(F_7),走向 NW278°~320°,倾向南西,倾角 75°~80°,长度 197.5km,西段横切茶卡盐湖至乌兰,中部横切达连海背斜,东端与共和地区倒淌河—龙羊峡断裂(F_3)相交,基本横穿共和盆地,性质属逆断层;莫河农场—塘格木农场四大队断裂(F_8)走向 NW288°~310°,产状性质不详,长度 95.5km。

(3)近南北向断裂:共和盆地中部和东部分布有南北向哈尔根—子科滩断裂(F_4)和倒淌河—龙羊峡断裂(F_3),两隐伏断裂均延出图,长度大于 330km,为区域性深大隐伏断裂。断裂性质不详,其中哈尔根—子科滩断裂与塘格木地震关系密切,倒淌河—龙羊峡断裂可能为瓦里贡山西缘与共和盆地的分界断裂,控制了瓦里贡山的隆起和共和盆地断陷。

由物探资料推测,恰卜恰—阿乙亥地区推断出四条基底断裂构成的小型拉分盆地,北东向恰卜恰沟断裂、阿乙亥沟断裂属张扭性断裂,具导水、导热作用,北西西向倒淌河—龙羊峡断裂、北西向新哲农场—小水桥断裂为压扭性断裂，具阻水作用，两组断裂复合部位，更有利于热水对流运移。这些断裂带附近均有温泉或地热异常点分布，表明这些断裂切割较深，为深部热能对流和热流体的运移提供了良好的通道。

3）节理构造

地质体中发育的节理组合特征反映该地区在一定时期内的构造应力方式，复杂的节理组合不但可以反映出地质体所受的构造运动次数，而且可以判定出区内的主构造应力方向。我们对龙羊峡北侧、拉西瓦水电站和沟后水库北西地段的印支期中酸性侵入岩进行了节理构造资料的收集，统计发现岩体中发育的多期性，不同期的节理组合中的充填物各有特色，最早期的节理基本上被正长花岗岩脉和花岗细晶岩脉充填，脉宽在 1~20cm，与围岩界线截然不同；中期的节理大部分被灰白色热蚀变沸石矿物细脉充填，部分被灰白色花岗细晶岩脉充填，脉宽在 1~3cm，与围岩呈渐变过渡关系；晚期的节理绝大部分未被充填物充填，少量节理中见有薄膜状沸石。由节理走向玫瑰花图发现，沟后水库地段的主节理产状为125°∠85°；龙羊峡地段的主节理产状为131°~150°∠76°，并密集发育，确定主应力方向为 20°~40°。中国地震局地壳应力研究所和中国电建集团西北勘测设计研究院有限公司在拉西瓦水电站地段进行了多组钻孔测量，结果显示该地区水平主应力远大于上覆岩层静压力，最大主应力方向呈近南北向。

3. 干热岩岩体与盖层

1）恰卜恰地区干热岩岩体与盖层

共和盆地恰卜恰地区 4 个干热岩钻孔揭露的干热岩岩体深度在 2900~3100m，岩体温度超过 180℃，达到国内干热岩标准。通过绘制近东西向和近南北向的干热岩地质剖面（图 2.1.11，图 2.1.12），从近东西向剖面可以看出，干热岩埋深呈现中部深东西向逐步变浅的特征，其中在勘查钻孔 GR2、GR1 之间的花岗岩体温度起伏较小，在 GR1 和 DR3 之间温度升高趋势明显，由东向西的增温约 0.03°；在近南北向上温度整体起伏较小，在 DR3 和 DR4 两个钻孔之间岩体温度略有下降。上新统临夏组（N_2l）是区内干热岩上部的主要盖层，地表控制厚度在 150m 左右。钻孔资料显示，恰卜恰南部地区埋深在 599.01~610.00m，揭露厚度 355.1~369.9m；北部地区埋深在 566.90~599.80m，揭露厚度 401.70m~422.05m；塔迈北侧高台平原 GR1 钻孔埋深为 505.0m，揭露厚度 496m；恰卜恰地区 GR2 钻孔埋深 270m，揭露厚度 480m[7]。

整体而言，共和盆地恰卜恰地区干热岩垂向分布规律平面显示相近，呈由东向西温度上扬的趋势，南北向变化较小。另外，由勘查区孔内温度分布情况分析，共和盆地恰卜恰地区干热岩分布不是线性，而是呈连续、大面积分布的。

2）贵德扎仓沟地区干热岩岩体与盖层

据 ZR2 钻孔揭露情况，扎仓沟干热岩体主要为浅灰绿色中粒黑云母花岗闪长岩。ZR2 钻孔终孔孔深为 4721.60m，4602m 处实测地层温度为 214℃，4100m 处地层温度达到 180℃，地层中以水蒸气为主，无水或仅含少量水，3000~4600m 地层增温率为

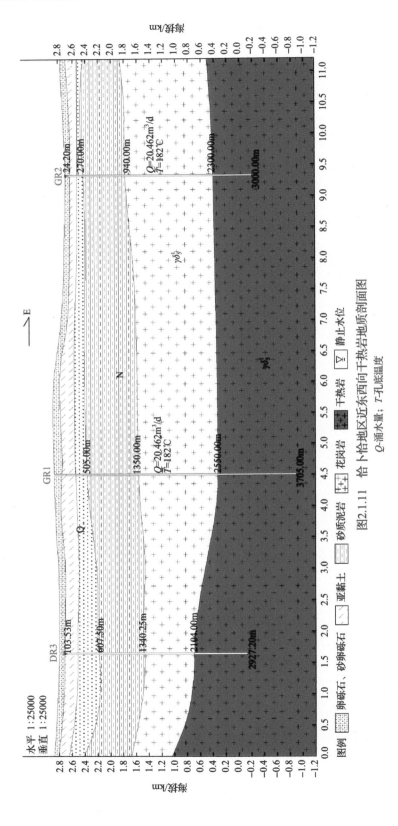

图2.1.11 恰卜恰地区近东西向干热岩地质剖面图
Q-涌水量; T-孔底温度

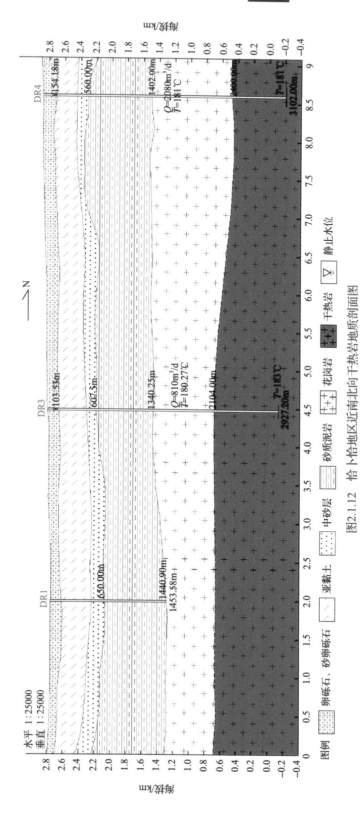

图2.1.12 恰卜恰地区近南北向干热岩地质剖面图

4.94℃/100m，4100～4600m 地层增温率为 6.8℃/100m，且该段地层温度按此梯度稳定升高。ZR2 钻孔揭露干热岩厚度为 621.60m。

ZR2 钻孔揭露地层中，0～592.07m 为泥岩，592.07～596.50m 为中细粒石英闪长岩，二者为角度不整合关系，中细粒石英闪长岩风化程度较强，局部呈粉末状，完整岩心上可见风化外圈。

596.50～999.91m 为断层角砾岩，中细粒石英闪长岩及断层角砾岩为断层接触关系，断层角砾岩中表现出明显的断层作用由弱变强再减弱的变化规律，节理发育，岩石破碎强烈，局部岩石呈豆腐渣状。

999.91～1204.94m 为斜长角闪片岩，石英细脉发育，其内含方解石脉，因断层作用呈豆腐渣状，1204.94～1301.19m 为紫红色泥岩夹同色砂砾岩，推测为隆务河组贵德群，斜长角闪片岩和泥岩呈断层接触关系。

1301.19～1501.00m 为灰紫色含晶屑砂泥岩，1501.00～1804.10m 为灰绿色英云闪长岩，局部见绿帘石蚀变，砂泥岩与英云闪长岩呈角度不整合接触关系。由 ZR2 钻孔揭露资料可以判断是新近系泥岩薄层，加之断裂影响，保温效果差，导致了贵德扎仓沟地区干热岩埋藏深度在 4100m 以上。

4. 干热岩热源研判

共和盆地及周边的印支期—燕山期侵入岩是由不同时期、不同成因侵入体构成的杂岩体组合体，呈北西向展布，具有多时期、多期次、多成因特征，并且具有持续活动时间长、成岩温度高的特点。在形成时间上具明显的走向迁移性，活动规模上为弱—强—弱，成因类型上以同熔型为主，早期有幔源岩浆混入，并兼有 A 型花岗岩特征，晚期因有大陆地壳岩石的部分熔融显示重熔型花岗岩特征。中二叠世早期构造体为伸展环境，形成了富硅、碱，贫钙、镁、铝的 A 型花岗岩，中二叠世晚期构造体由伸展转换为俯冲构造体系内的挤压环境，形成大面积的同熔型花岗岩上侵，早白垩世由于陆内局部的拉张，产生多禾茂组碱性-拉斑玄武岩喷发。

1）时间上具有漫长的多期定位史（263～112Ma）

岩浆活动开始于中二叠世（263Ma），经历早三叠世、中三叠世、晚三叠世多阶段、多期次的演化，结束于早白垩世（112Ma）（在外文期刊上有贵德盆地发现 15Ma 新生代火山岩的报道，但未见原文）。活动时间和空间上从北西侧向南东侧由老到新推移，活动规模上也显示出弱—强—弱的特点。中二叠世和早三叠世岩浆活动主要集中在茶卡盐湖北西地段，以小规模的中酸性侵入活动为主，从中三叠世开始岩浆活动规模开始增大，沿东南方向向共和盆地中心呈喇叭状扩展，至晚三叠世区内岩浆上侵活动规模达到顶峰，同时伴有强烈的火山喷发活动，中酸性岩浆的上侵活动基本弥漫了整个共和盆地和贵德盆地，构成了两个盆地的基底岩石，进入早侏罗世岩浆上侵活动规模很小，仅在盆地周边局部地段呈小岩枝状侵入，早白垩世在同仁的多福顿地段由于局部拉张形成多禾茂组碱性火山岩喷发（图 2.1.13）。

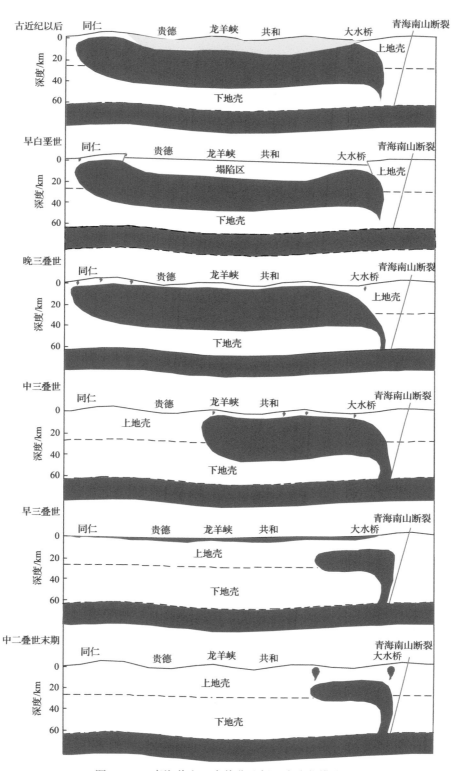

图 2.1.13 青海共和—贵德盆地侵入岩演化模式图

2) 空间上具有相互混熔特征

空间上不同时期的侵入体互相穿插，多阶段、多期次岩浆活动相互混熔在一起。大水桥地段的中二叠世末期侵入体中发育大量的中三叠世小岩株，二者侵入体侵入接触关系明显，出现烘烤边和冷凝边，反映晚期侵入体脉动流是在早期分异岩体固结过程冷却后上侵的；龙羊峡地段中、晚三叠世侵入体相互穿插，各类型的酸性岩岩体之间无冷凝边和烘烤边，二者之间为热接触关系，表明各时期深部脉动流间隔时间较短，晚期酸性较强的热岩浆在早期分异的岩浆脉动流未完全冷却条件下脉动上侵定位；不同成分岩石之间界线不清楚，具明显的塑性流动现象，为黏稠的热接触，表明塑性状态成分各异的热岩浆体以不同速度向上运移，两次岩浆脉动流间隔时间短或是由于浅部岩浆房内不断有新的脉动岩浆补充；锆石 U-Pb 法测年反映，在中二叠世、中三叠世侵入体中有晚三叠世锆石同位素数据，在共和—贵德盆地同一钻孔中获得了 2～3 个不同时代的同位素成果，晚期侵入体一般都在深部。上述特征反映该岩浆岩带在深部具有相互混熔的特征，晚期岩浆在上述运移过程不断重熔早期形成的晚二叠世侵入体和中三叠世侵入体，形成规模较大的岩浆，该岩浆岩带中各时期的侵入体在不同阶段互相叠加在一起。

从地表出露的二长花岗岩、正长花岗岩和分布在断裂带中的石英脉包裹体测温成果看，二长花岗岩中包裹体原生均一温度为 410℃，早期次生均一温度在 387.1～388.2℃，中晚期次生均一温度在 233～236℃；正长花岗岩中包裹体原生均一温度为 283.7℃，中晚期次生均一温度在 230.6～231.3℃，晚期次生均一温度在 179.4～181.6℃；石英脉包裹体的早期次生均一温度为 297.8～387.9℃，中晚期次生均一温度在 201.3～217.8℃，晚期次生均一温度在 155.4～164.5℃，反映石英脉和花岗岩的初始成岩温度整体上比较高，基本代表了深部岩浆演化和结晶分异的产物，进一步表明了深部高温熔融体的存在。

共和—玉树天然地震层析剖面 (图 2.1.14) 显示[8]，在巴颜喀拉地块清水河一带的 300km 深度存在大型低速体，宽频地震剖面显示，在玛多—共和一线 100～400km 深度内，东昆仑断裂带以北有一条宽约 150km 的低速带，向北东延伸至共和盆地底部地表以下约 200km 处[9]。青海省地震局 1988 年编绘的莫霍面等值线图反映，共和盆地的地壳厚度 60～63km；据接收函数处理结果，兴海温泉乡—共和的壳、幔结构中低速层呈多层分布[9]，共和盆地下部 1～10km、25～40km 及 60km 附近均有低速层存在，而且上部 1～10km 深处的低速层遍布盆地底部 (图 2.1.15)[10]。地球物理异常中的低速带 (层) 是指地震 P 波和 S 波的传播速度较其上覆和下伏层都低的深部物理层，究其原因，一般将它与顺层构造滑动导致物质破碎或有大量流体存在或因层内温度较高而塑性增大，甚至有局部熔融的岩浆相联系。结合共和盆地沉积结构特征推断，1～10km 的低速层绝大部分是由新近系临夏组中的多层含水层的地球物理特征反映 (目前最深钻孔资料显示 5000m)；25～40km 的低速层最有可能是地表以下的结晶基底下部存在热的、软的物质 (干热岩高温塑性体或岩浆囊) 的地球物理特征反映；60km 的低速层可能是区内下地幔中软流圈的特征反映。由此可以推断在共和盆地下部一定的深度存在软流层，该软流层就是高温的岩浆熔融体 (岩浆囊)。

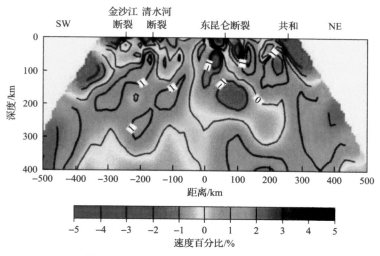

图 2.1.14 共和—玉树天然地震层析剖面

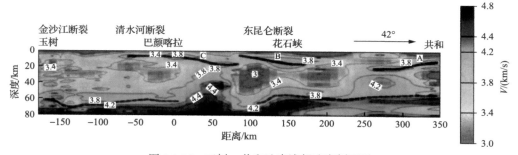

图 2.1.15 玉树—共和地壳浅部速度剖面图

综合各时期侵入岩的岩石化学特征，印支期—燕山期侵入岩具有相似的岩石化学特征、相同的成因类型、相似的稀土配分曲线特征及微量元素特征，具有同源岩浆源特征，应属同一构造环境下形成的岩浆在经历了不同时期、不同阶段的持续演化的结果。从共和盆地的岩浆演化规律看，盆地岩浆始于中二叠世，经历了早三叠世的持续深部熔融、演化、运移，至中、晚三叠世岩浆活动中心也由北西向东南方向迁移至龙羊峡一带，在龙羊峡地段深部形成一个规模巨大的混合型岩浆房（岩浆囊），形成中、晚三叠世大规模的岩浆上侵活动，并伴有晚三叠世较大规模的火山喷发活动。重力异常和 1∶5 万航磁 ΔT（磁异常）等值线图及大地电磁测深成果显示，在共和盆地深部呈现一宽度达 50km 的低阻带，宽频地震剖面和接收函数处理结果显示兴海温泉乡—共和的壳、幔结构中低速层呈多层分布，这些成果进一步说明了在共和盆地下部一定深度存在高温软流层（岩浆囊）。

5. 干热岩形成机理

干热岩的形成至少要满足具有比较稳定的热源体存在和具有相对封闭的储热环境这两个条件，后期的深部断裂构造为区内的地热活动提供了一定的散热通道。

1）稳定的热源体

对干热岩矿产成矿背景的分析主要是要明确深部热源，这是目前最重要的一个环节，综合地壳深部热源体的形成原因，也不外乎来自深部岩浆活动、放射性物质的衰变、构造活动和区域变质作用四个方面。本次研究工作中发现，恰卜恰地区侵入岩中的铀含量平均值为 10.64μg/g，钍含量平均值为 24.29μg/g，钾含量平均值为 3.11%，整体上放射性元素含量较低，放射性元素衰变、辐射所产生热能不足以形成高温岩石（干热岩矿产），再者目前发现的干热岩分布在 2880m 以下，上部近千米的侵入岩岩石温度未达到干热岩的要求，这不符合放射性元素衰变、辐射热能散热规律；区域高压埋深变质作用下往往会产生一定的变质热流体，但这种热流体分布范围比较大，一般情况下温度相对偏低，难以形成高温岩石（干热岩矿产）；不同部位发育的不同规模的断裂构造所产生的构造热规模不同，浅部断裂构造虽然也会产生构造热流体，但一般温度不会很高，并且会沿着开放的断裂破碎带迅速扩散，不利于干热岩的形成；切割较深的深大断裂构造的多期次活动会产生构造热流体，并且多切割至深部岩浆房（软热流层），为岩浆热的上升、运移提供通道，使岩浆热扩散至上部岩石中形成高温岩石（干热岩矿产），这种环境下形成的矿产一般明显受到断裂的控制，并且基本上沿断裂带两侧展布，呈线状或局部高温分布，不具面状分布特征，规模一般不大，但深部断裂构造活动有利于深部岩浆热液的扩散，对区内干热岩的形成具有良好的促进作用；深部处于熔融状态下的岩浆房（岩浆囊）的多期次、多阶段、持续活动不仅为区内提供了丰富的岩浆热液，也带来了大量的高温热，形成了规模较大的热源供给机制，该热源供给具有供热面积大、温度高、热源稳定的特征。综合以上供热特征，认为区内干热岩矿产的热源应该来自地壳深部的岩浆活动（岩浆囊）。

目前发现的共和盆地和贵德盆地的干热岩岩石为早、中、晚三叠世中酸性花岗岩混合侵入体（钻孔同位素年龄在 248~219Ma），这些侵入体是共和盆地两个构造岩浆岩带的主体组成部分，除此以外还有中二叠世、早侏罗世侵入体等。通过综合分析研究，这些不同时期的侵入岩具有同源岩浆源特征，应属同一构造环境下形成的岩浆在经历了不同时期、不同阶段的持续演化后上侵或喷出地表而形成，并构成了共和盆地和贵德盆地的基底岩石[根据对该地区的重力异常和 1∶5 万航磁ΔT（磁异常）等值线图判断，并结合大地电磁测深呈现的一宽度达 50km 的低阻带判断]。

共和盆地南北两侧的构造岩浆岩带最早形成于中二叠世。早二叠世末由于宗务隆山裂谷闭合，在由南向北的构造应力作用下，由洋壳玄武岩在相对较浅的深度经脱水熔融并与楔形地幔橄榄岩相互作用后形成的中酸性岩浆向地壳浅部运移，经历了中二叠世、早三叠世持续的深部熔融、演化、运移和上侵活动，进入中、晚三叠世岩浆活动达到顶峰，岩浆活动中心也由北西向东南方向迁移至龙羊峡一带，同时伴有晚三叠世较大规模的火山喷发活动，并经过早侏罗世局部小规模的上侵活动，结束于早白垩世的局部火山喷发活动（也可能结束于新生代）。

由两侧岩浆岩带的岩石化学特征综合分析认为，不同时期形成的侵入体和火山岩都具有相似的成因类型和构造环境（早白垩世局部拉张）。在大水桥地段的中二叠世侵入体中见有较多的中三叠世侵入体的岩枝和岩株，在龙羊峡北侧中三叠世侵入体与晚三叠世侵入体接触带上发现中三叠世侵入体具有明显的被熔蚀现象，共和盆地的钻孔资料显示深部存在早、中、晚三叠世的侵入体，同一块岩石中往往存在两个以上的锆石年龄值。由此认为广布于共和盆地底部的侵入岩在一定深度内有熔融体存在(宽频地震接收函数处理结果显示，共和盆地下 1~10km、25~40km 及 60km 附近均有低速层存在，其中 1~10km 的低速层为含水层，25~40km 的低速层为高温塑性体或岩浆囊的特征反映；60km 的低速层为地幔中软流圈)，并且高温塑性体(岩浆囊)自中二叠世形成以来，经历了多阶段、多期次的演化和对早期侵入体的熔蚀作用后在一定的深度仍然处于高温熔融状态，形成混合型岩浆房(岩浆囊)，该岩浆房就是区内干热岩重要的热源体。

2) 储热环境

(1) 盖层特征。

共和盆地和贵德盆地扎仓沟的钻孔资料显示，干热岩上部的盖层主要为新近系上新统临夏组，岩性组合因地段而异。贵德地段岩性主要为砖红色、青灰色泥岩、泥质粉砂岩、粉砂岩，而共和盆地主要岩性组合为青灰色、灰色、砖红色、灰黄色泥岩、泥质粉砂岩，均为一套陆地湖相沉积。上部为下更新统共和组灰褐、黄褐色的粗砂细砾、中粗砂、细砂、亚黏土、亚砂土粗细相间的互层状地层。上新统临夏组的岩石粒度较细，密度较大，储水性好，透水性差，为一良好的密封盖层。

(2) 控盆构造。

共和盆地是在侏罗纪—白垩纪时期构造走滑-拉分的基础上，始新世末—渐新世进入全面沉降拗陷而成，为构造断陷和基底沉降(深部岩浆囊因大量的岩浆上侵和火山喷发活动而导致张力减弱)共同作用的结果。共和盆地的沉降不但拉近了盆地基底岩石与热源体的距离，也为区内地热储存创造了一个深达几千米的储热空间，湖相细碎屑岩建造岩石粒度较细，密度较大，储水性好，透水性、透气性极差，是一个良好的隔热盖层，二者结合构成了盆地内密闭性能极佳的储热场所。由贵德盆地中的干热岩钻孔资料可知，没有盖层的钻孔中未发现干热岩，而有盖层的钻孔中深部就有干热岩存在，这充分说明盖层的重要性。

3) 导热、散热机制

(1) 导热机制。

不同深度发育的断裂构造对干热岩的影响程度不同。浅部发育的断裂构造在区内形成了一个开放的环境，地热的迅速扩散，不利于岩石中热的储存，破坏了干热岩的形成；成束分布的深达岩石圈的张性断裂和切割下地壳或更深的区域性断裂构造，使共和盆地中的花岗岩体与深部地幔热异常体相连通，不但为深部壳、幔源岩浆的上升、运移提供通道，而且为深部热的扩散创造条件，有利于在一个密闭的环境中储热形成干热岩。中国地震局兰州地震研究所震源物理研究室对曲乃亥断裂做人工地震测深，其深度达 80km 以上，可能切割了深部热源体，沿断裂带分布的高温热泉就是深部热源沿断裂带向地表扩散的一个实例。

已有的航磁、重力异常资料和区域地质资料反映，共和县城附近存在经花石峡—兴海—共和—湟源规模较大的北东向隐伏断裂构造和经泽库—马营—龙羊峡水库—沟后水库的北西向隐伏断裂构造，并且二者交会于共和附近，在盆地深部有切割热源体的可能。由此推断这两条隐伏断裂的交会部位为深部岩浆或地热的上升、运移提供通道，促进了区内干热岩的形成。

(2)散热机制。

深部岩浆热向上扩散主要是通过岩石矿物之间的传导和沿岩石裂隙构造的扩散两个渠道进行。由本次研究工作中采集的岩石薄片鉴定结果发现，岩石中微裂隙构造极为发育，从地表和钻孔岩心观察，该地段岩石中节理构造密集发育，并且在节理构造中发现诸多的热蚀变矿物(浊沸石)充填，表明密集发育的岩石宏观节理构造和微节理构造为深部岩浆热的传导提供了良好的空间，更进一步加强了岩石矿物之间的传热速度，促进了区内干热岩矿产的形成。

4)形成机理

共和盆地干热岩形成机理：以印支期—燕山期形成的混合岩浆囊为主要供热源，在花岗岩介质中以热传导方式为主，以区域性深大断裂构造和密集发育的节理构造散热为辅，在以新近系临夏组湖相细碎屑岩建造为盖层的密闭盆状环境中，以中生代—新生代多期次形成的花岗岩为储热岩石形成干热岩矿产(图 2.1.16)。

(1)综合研究区储热岩石的岩石化学特征、微量元素和同位素特征等资料，结合地球物理特征，认为区内印支期—燕山期的中酸性侵入岩具有相同的物源和相同的构造环境特征，为挤压环境下同源岩浆演化的产物。早二叠世晚期形成的中酸性岩浆的上侵活动，不但代表了共和盆地印支期中酸性岩浆活动的开始，也为后期大规模中酸性岩浆活动提供了上升和运移通道，在经历了早三叠世、中三叠世、晚三叠世、早侏罗世和早白垩世不同时期、不同阶段、长时期持续演化，在共和盆地底部一定的深度内形成了规模巨大的岩浆房(岩浆囊)，该岩浆房(岩浆囊)的长时期深部熔融、运移，为区内提供了丰富的岩浆热，构成了盆地底部的供热体。

(2)共和盆地底部由印支期—燕山期的中酸性侵入岩构成，上部由古近纪—新近纪以来的湖相细碎屑岩沉积物组成。目前的钻孔资料反映，恰卜恰干热岩和地热钻孔控制沉积物最大厚度为 1700m，切吉凹陷共参 1 井中沉积物厚度大于 5020m，如此大幅度沉降的共和盆地不但拉近了盆地基底岩石与深部热源体的距离，也为深部热的储存造就了一个深达几千米的盆状储热空间，上部沉积的细粒度、大密度、储水性好、透水性和透气性极差的湖相沉积物有效阻挡了深部热的进一步扩散，起到了良好的保温作用，与盆地一起构成了一个密闭性极佳的储热场所。

(3)成束分布的深达岩石圈或切割下地壳的区域性断裂构造使共和盆地中的花岗岩体与深部地幔热异常体相连通，为深部壳、幔源岩浆的上升、运移提供通道。花岗岩中的节理构造是深部岩浆热向上部扩散的主要渠道，岩石中节理构造(宏观节理和微观节理构造)的发育程度也直接影响深部岩浆热向上的扩散速度和均匀程度。目前的地表基岩露头节理统计结果显示，该地段由于长期受到北东-南西向区域构造应力的

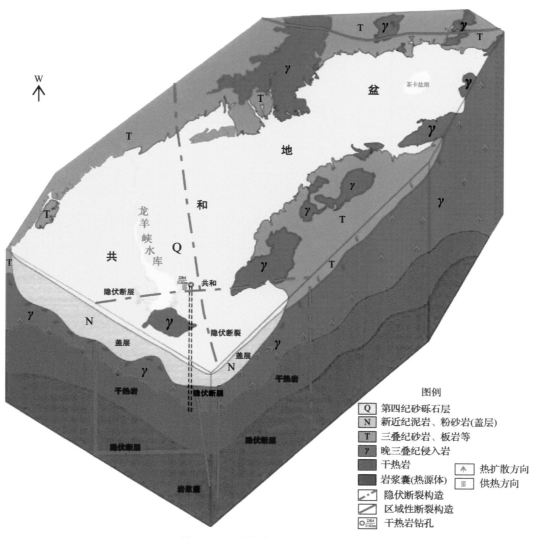

图 2.1.16 干热岩成岩机理示意图

影响，节理构造极为发育，主节理产状为 125°～150°∠76°～85°，并且密集发育，沿这些节理都有正长花岗岩脉、花岗细晶岩脉和灰白色热蚀变沸石矿物充填，充分反映了节理构造为区内深部热扩散活动提供足够的空间。

综合以上成岩机理可知，深部岩浆囊持续供热、区域深大断裂构造导热（节理导热）及密闭盆地储热等条件构成了区内三维一体的构造环境，造就了共和盆地内独特的干热岩新型能源矿产。

2.2 物 性 特 征

岩石的孔隙度和渗透率是岩石最基本的物性。体积法是计算孔隙度最常用的方法，达西法和脉冲法均可用来测试岩石的空气渗透率。因干热岩的渗透率值未小到纳达西级别，一般采用达西法来测试其渗透率。

表 2.2.1 为某盆地高温花岗岩段的孔隙度和渗透率测试结果，结果显示，岩石物性非常差，孔隙度小于 4%，空气渗透率小于 $0.4×10^{-3}μm^2$，属于极致密层。

表 2.2.1 岩石孔隙度与渗透率测试结果表

岩心编号	直径/cm	长度/cm	孔隙度/%	渗透率/$10^{-3}μm^2$
1	2.46	4.94	2.49	0.27
2	2.44	4.86	2.57	0.28
3	2.44	4.94	3.43	0.29
4	2.44	4.90	3.28	0.33
5	2.44	4.95	3.58	0.27
6	2.45	4.87	3.13	0.32
7	2.44	4.90	3.77	0.35
8	2.44	4.94	2.49	0.29
9	2.45	4.85	2.82	0.28

上述孔渗测试是在地面条件下进行的，没有考虑岩石在地层条件下的应力影响。地下条件下，岩石受三向应力影响，处于压缩状态，孔隙度和渗透率与地面条件下的测试结果会有很大差异。图 2.2.1 为按照覆压孔渗测试标准测试得到的覆压孔隙度和渗透率值。由图 2.2.1 可知，覆压孔隙度和渗透率大小随覆压增大而大幅度降低，由此推断，在就地条件下，其渗透率可能处于纳达西范畴。

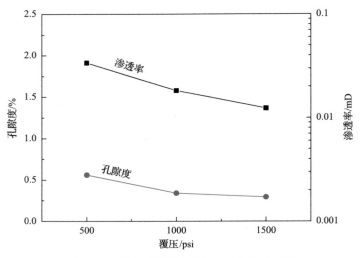

图 2.2.1 覆压下的孔隙度与渗透率测试结果

1psi=6.89476×10^3Pa

图 2.2.2～图 2.2.10 为岩心薄片电镜扫描结果，所有岩心薄片电镜扫描照片都显示出颗粒排列紧密，岩性致密，无粒内孔隙。

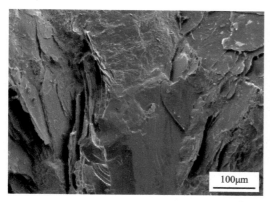

图 2.2.2　1-1#岩心薄片电镜扫描照片

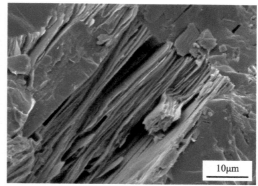

图 2.2.3　1-2#岩心薄片电镜扫描照片

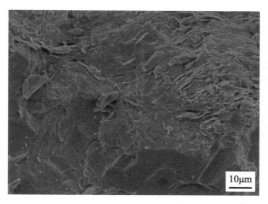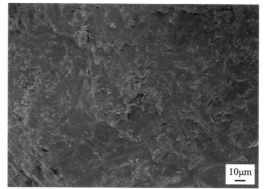

图 2.2.4　1-3#岩心薄片电镜扫描照片

图 2.2.5　2-1#岩心薄片电镜扫描照片

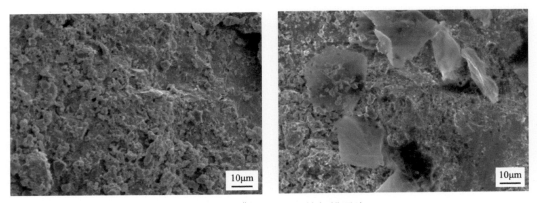

图 2.2.6　2-2#岩心薄片电镜扫描照片

图 2.2.7　2-3#岩心薄片电镜扫描照片

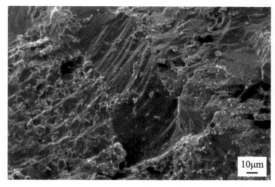
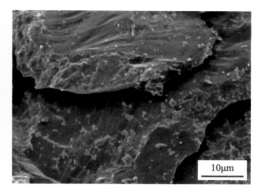

图 2.2.8 3-1#岩心薄片电镜扫描照片

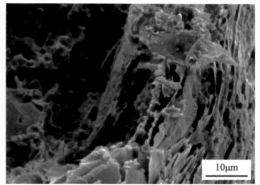

图 2.2.9 3-2#岩心薄片电镜扫描照片

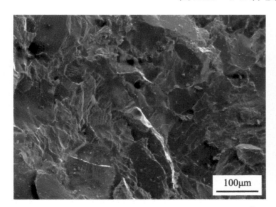
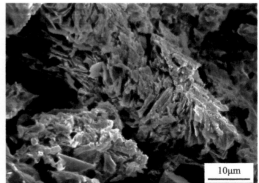

图 2.2.10 3-3#岩心薄片电镜扫描照片

高分辨率(分辨率 65nm)岩心扫描结果显示(图 2.2.11),各个孔隙基本不连通,这反映出岩体中基本不存在可动流体。

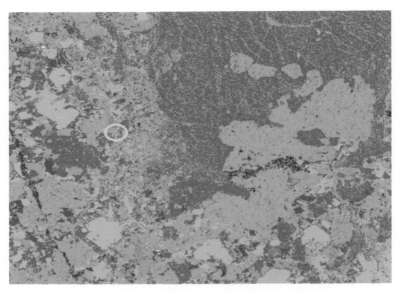

图 2.2.11 高分辨率岩心扫描孔隙连通情况

2.3 岩体天然裂隙特征

岩体天然裂隙是热储层改造形成复杂裂缝系统最关键的地质因素。天然裂隙的发育程度、形态、方位等特性影响压裂裂缝的起裂压力、扩展路径、最终形态及复杂程度等。描述天然裂隙的方法有露头与岩心观察、测井分析等。

天然裂隙在露头中常以节理的形式显示,通过野外观察,可以描述其特性。图 2.3.1

图 2.3.1 共和盆地野外露头观察节理特征

中的野外露头观察显示，共和盆地发育共轭 "X" 形节理（剪节理）和正交节理等，节理面平直、光滑且延伸较远，同一组裂隙间距无明显变化，较均匀。发育于花岗岩体内的裂隙主要为剪节理。图 2.3.1 为共和盆地出露的花岗岩地面节理特征，可以看到南北向和东西向的正交节理。

依据等密度图和走向玫瑰花图分析裂隙方位显示，共和盆地花岗岩中的节理裂隙倾向以 205°～220° 和 70°～90° 为主，倾角以 0°～45° 为主，最大主应力倾角在 45°～90°。走向玫瑰花图显示，共和盆地花岗岩中裂隙优势走向为 310°～355°，最大主应力水平方向投影为 40°～85°。根据剪节理受力机制，花岗岩中节理裂隙反映的最大主应力倾向为 40°～85°，倾角在 24.25°～69.25°。

井下岩心观察也是描述天然裂隙的常用方法，通过岩心观察，可以发现裂隙是水平裂隙还是高角度裂隙，以及裂隙中是否被充填等。图 2.3.2 和图 2.3.3 中显示了 X1 井花岗岩段发育密集的水平裂隙和部分高角度裂隙，高角度裂隙被方解石及石英脉所充填。

图 2.3.2　岩体中的水平裂隙

图 2.3.3　岩体中的高角度裂隙

成像测井是识别井下天然裂隙的有效方法之一，利用成像测井资料可以判断裂缝发育段、裂缝条数和裂缝方位。图 2.3.4 为共和盆地 X2 井微电阻率成像测井资料综合分析结果，由图可知，3980～4320m 井段天然裂隙共 31 条，其中存在两个裂隙集中发育段，4210～4220m 发育 6 条裂缝，4310～4320m 发育 7 条裂缝，其都属于高导缝，即电阻率较低，裂隙中没有泥质填充，全部皆为有效缝。根据地层岩性完整与否，可以将地层分为裂缝不发育地层，即岩性完整地层；裂缝局部发育地层，即岩性较完整局部破碎地层；裂缝集中发育地层，即岩性破碎地层。

利用裂隙走向和井径变化可识别现今最大主应力方向，依据上述资料获得的最大主应力方向主要为 NE35°，见图 2.3.5。

依据常规测井的自然伽马、电阻率和声波的明显变化及双井径的差异亦可识别天然裂隙，可用来分析判断裂缝发育程度。图 2.3.6 中 3366～3460m 井段即以此依据划分的裂隙相对发育段。

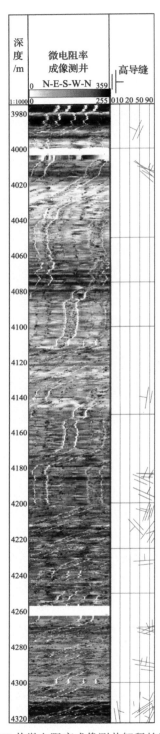

图 2.3.4 X2 井微电阻率成像测井解释的微裂隙特征

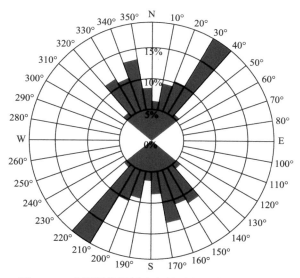

图 2.3.5　成像测井资料确定的最大主应力方位结果

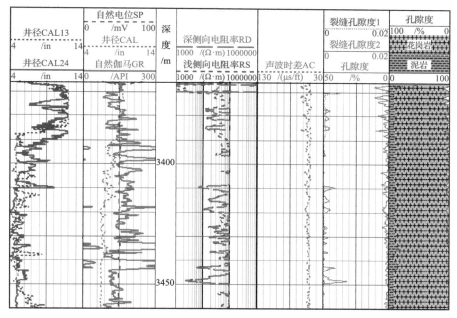

图 2.3.6　X1 井常规测井解释的裂缝发育段

1ft=3.048×10⁻¹m; 1in=2.54cm

2.4　干热岩岩体温度

干热岩岩体温度是干热岩资源最关键的指标之一，决定着循环换热后采出井的出口温度，直接影响发电或取暖、制冷等应用效益。因干热岩岩体温度较高，一般采用留点温度计和高温测井仪器来测试岩体温度。

2.4.1 干热岩岩体温度测量方法

1. 留点温度计测量法

留点温度计测量法是采用留点温度计测量岩体温度的一种简便方法。因留点温度计水银柱指示的位置不随温度的下降而下降，仍留在并指示着曾经达到过的最高点，所以留点温度计仅能测量岩体的最高温度。将多支留点温度计用电缆一起下入干热岩井中，测试干热岩岩体段的温度，起出后读取测试的温度值算数平均或加权平均后作为干热岩岩体段的最高温度值。

2. 井温测井法

井温测井法是指采用专门的高温测井仪器测量井眼内温度随深度的变化，也可测试包含自然伽马、压力、磁定位等测井系列数据。将高温测井仪器串用电缆下入井中，测量温度、自然伽马、压力等随深度变化的曲线，可得到一条随深度增大温度逐渐上升的斜直线，依据直线分析岩体最高温度和地温梯度值，见图 2.4.1。

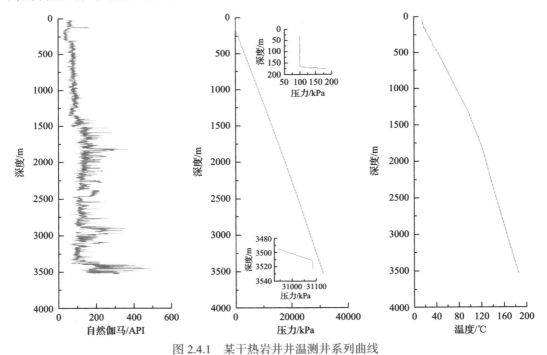

图 2.4.1 某干热岩井井温测井系列曲线

2.4.2 国内外典型区域岩体温度

表 2.4.1 给出的是全球典型干热岩试验项目的岩体温度值。可见，受所处构造与环境影响，不同区域的干热岩岩体温度和地温梯度相差很大，但岩体温度基本都在

150℃以上，地温梯度大于 30℃/km。德国盖瑟 3400m 深度下温度达到了 400℃，地温梯度达到 100℃/km 以上，法国苏茨 5270m 深处温度为 210℃，地温梯度在 40℃/km 以下，我国青海共和盆地花岗岩段井温梯度在 41.1～45.0℃/km，由此反映出不同区域干热岩体温度梯度具有巨大的差异性。

表 2.4.1　全球典型干热岩试验项目岩体温度表

国家	项目名称	深度/m	温度/℃
美国	芬顿山 (Fenton Hill)	4391	325
	沙漠峰 (Desert Peak)	2475	204
	盖瑟 (Geyser)	3400	400
法国	苏茨 (Soultz)	5270	210
澳大利亚	哈巴内罗 (Habanero)	4911	270
德国	兰道 (Landau)	4200	160
中国	青海共和	3705	236

2.5　高温围压下的岩石力学特性

杨氏模量、抗压强度、泊松比等岩石力学特性是影响水力压裂改造裂缝形态和尺寸的关键参数，特别是高温围压条件下力学特性的变化规律是压裂改造工程特别关注的。本节将利用真三轴测试仪模拟岩心在地层条件下其岩石力学参数的变化规律。

2.5.1　高温岩石力学特性测试方法

1. 试验设备

试验设备采用高温高压岩石真三轴测试仪，试件加载的最大主应力可以达到 300MPa，孔隙压力为 100MPa，温度为 400℃，采用三向独立复合加载方式，温度采用分段分级方式精确控制。该试验设备可以进行高温高压条件下岩石的三轴压缩及渗流的耦合试验、剪切及其相关的渗流耦合试验及与岩石摩擦相关的岩体力学试验；可通过声发射、波速、波形、频率采集，分析岩石失稳、发展机理及其物理特征的变化规律。试验机可以实时监测试件的轴向压缩或剪切变形、水平压缩或膨胀变形，以及岩石的体积变形。

2. 方法与原理

在三轴应力条件下对花岗岩试件施加一定围压，然后逐渐施加轴压，通过测定花岗岩弹性变形阶段的应力、应变，依据式 (2.5.1) 和式 (2.5.2) 计算花岗岩在不同温度状态下的杨氏模量 (E) 和泊松比 (ν)。

$$E = \frac{(\sigma_1 - \sigma_2)(\sigma_1 + 2\sigma_2)}{(\sigma_1 + \sigma_2)\varepsilon_1 - 2\sigma_2\varepsilon_2} \qquad (2.5.1)$$

$$\nu = \frac{\sigma_2\varepsilon_1 - \sigma_1\varepsilon_2}{(\sigma_1 + \sigma_2)\varepsilon_1 - 2\sigma_2\varepsilon_2} \qquad (2.5.2)$$

式中，σ_1 为轴向应力，GPa；ε_1 为轴向应变；σ_2 为侧向应力，GPa；ε_2 为侧向应变。

2.5.2 杨氏模量、泊松比随温度的变化规律

利用式 (2.5.1) 和式 (2.5.2) 得到的花岗岩杨氏模量、泊松比随温度的变化曲线分别见图 2.5.1 和图 2.5.2。杨氏模量随温度的升高而降低，泊松比随温度的升高而增大，反映出岩石在高温条件下脆性降低、塑性增强的变化趋势。

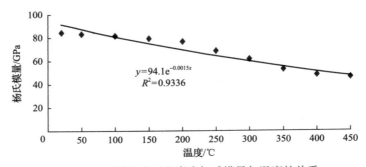

图 2.5.1 三轴应力下花岗岩杨氏模量与温度的关系

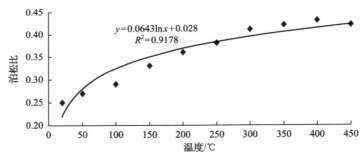

图 2.5.2 三轴应力下花岗岩泊松比与温度的关系

2.5.3 抗压强度与抗拉强度随温度和围压的变化规律

从图 2.5.3 抗压强度随温度和围压的变化曲线可以看出，温度对抗压强度的影响不明显，围压会显著影响抗压强度。温度为 200～250℃时，围压在 40MPa 条件下的抗压强度约为 380MPa，相对页岩和砂岩来说数值较高，在一定程度上反映出花岗岩基岩裂缝起裂的难度较大。

运用巴西试验方法测试的花岗岩室温（25℃）和高温条件下的抗拉强度见表 2.5.1。实验结果表明，花岗岩在 200℃温度条件下的抗拉强度与室温条件下的抗拉强度相比没有明显变化，但其抗拉强度值较页岩高 1.5～2.0 倍，反映出其与其他岩石不同

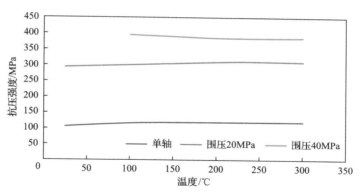

图 2.5.3　抗压强度随温度及围压的变化曲线

表 2.5.1　室温和高温条件下花岗岩的巴西劈裂拉伸强度

编号	直径/mm	高度/mm	温度/℃	最大荷载/kN	抗拉强度/MPa
1	58.33	24.92		29.4	12.88
2	58.26	24.91	25	28.4	12.46
3	58.31	25.18		27.9	12.10
4	58.27	25.15		28.6	12.42
5	58.25	24.96	200	28.0	12.26
6	58.23	24.98		24.5	12.30

的力学特性。

　　以上实验研究表明,高温岩体的力学特性受温度影响程度不如围压,对于干热岩力学特性变化而言,要把重点放在围压的影响上,以围压条件下的岩石力学参数作为裂缝扩展模拟的取值参数。

2.5.4　高温应力-应变特性

　　岩石的应力-应变可用来判别岩石变形、破坏特性和计算杨氏模量、泊松比等岩石力学参数,由岩石力学三轴应力测试系统来实现。该系统主要包括以下四部分:①轴压控制系统。用来提供轴向压力,它是通过计算机控制系统进行应变或应力伺服控制。②围压控制系统。用来模拟井下水平应力,由伺服加载系统和增压器组成。③孔压控制系统。用来模拟井下地层压力的情况。④计算机采集和控制系统。进行岩样测试时,各种不同的加载路径及测试过程可通过计算机进行实时控制,计算机通过传感器自动采集电压信号并把它转换成力和位移数据储存在计算机中。测试岩样为直径 25mm、长度 50mm 的圆柱形试样,在测试中,记录下岩石的应力-应变曲线,用于求解岩石在一定温度和围压下的杨氏模量、泊松比、抗压强度、内聚力和内摩擦角等参数。

　　杨氏模量:

$$E = \frac{\Delta\sigma}{\Delta\varepsilon_1} \tag{2.5.3}$$

　　泊松比:

$$\nu = -\frac{\Delta\varepsilon_2}{\Delta\varepsilon_1} \qquad (2.5.4)$$

式中，E、ν 为岩样的杨氏模量和泊松比；$\Delta\sigma$ 为轴向应力增量；$\Delta\varepsilon_1$ 为轴向应变增量；$\Delta\varepsilon_2$ 为横向应变增量。

内聚力和内摩擦角的计算方法如下：首先需要有不同围压下岩石三轴压缩实验的测试结果，由此得到每块岩石实验的抗压强度。将每组实验结果在横坐标为正应力（σ）、纵坐标为剪应力（τ）的直角坐标系上绘制成莫尔（Mohr）圆，如图 2.5.4 所示。

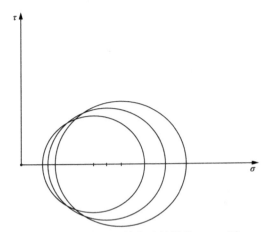

图 2.5.4　多组三轴实验结果的 Mohr 圆

做一条直线，使得其与多个圆相切，若该直线无法与多个圆同时相切，则需要采用数值方法拟合得到一条最优直线（图 2.5.5）。该直线的斜率为 k，在纵轴的截距为 D。内聚力（c_n）和内摩擦角（φ）为

$$c_n = D \qquad (2.5.5)$$

$$\varphi = \arctan k \qquad (2.5.6)$$

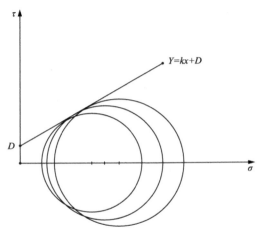

图 2.5.5　拟合得到的 Mohr 圆的公切线

1. 方法与原理

不同温度下花岗岩岩样的单轴应力-应变曲线见图 2.5.6～图 2.5.9，由图可见，应

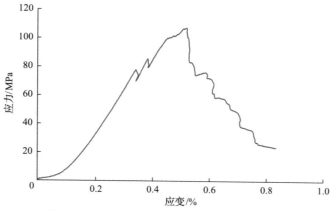

图 2.5.6　常温条件下岩石单轴应力-应变曲线

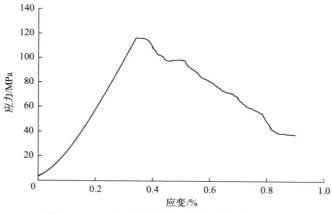

图 2.5.7　100℃条件下岩石单轴应力-应变曲线

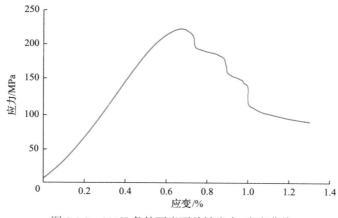

图 2.5.8　200℃条件下岩石单轴应力-应变曲线

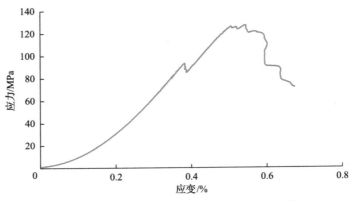

图 2.5.9　300℃条件下岩石单轴应力-应变曲线

力-应变曲线均明显表现出了微裂缝闭合、弹性变形、塑性变形和岩样破坏四个阶段，具体如下所述。

（1）微裂缝闭合。在初期阶段，应力-应变曲线微呈上凹形，体积随压力增加而压缩，此时为微裂缝闭合阶段，这一阶段是由微裂缝在压应力作用下闭合而引起的，随着压应力的增加，裂缝逐渐闭合，岩石刚度加大，应力-应变曲线斜率增大，呈上凹形。

（2）弹性变形。第二阶段，应力-应变曲线呈直线，此时为岩石线性变形阶段。

（3）塑性变形。第三阶段，应力-应变曲线开始偏离直线，此时为新裂缝开启和稳定扩展的非线性变形阶段。

（4）岩样破坏。应力-应变曲线斜率迅速减小，岩石体积膨胀加速，变形随应力增加迅速增长，此时裂缝加速扩展直至岩石破裂，随着裂缝的进一步扩展，裂缝在试样某些部位相连，形成一些宏观裂缝。宏观裂缝又通过裂缝的阶梯状连接，形成有强烈应变集中的裂缝带并不断向试样端部伸长，直至试样破裂，表现在应力-应变曲线上斜率迅速减小，并呈下凹形。

总体而言，单轴条件下随温度升高，应力-应变曲线出现右移的倾向，峰后曲线斜率也呈现逐渐减小的趋势，见图 2.5.10。图 2.5.10 中显示，常温、100℃和 300℃的岩

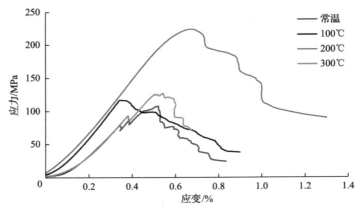

图 2.5.10　不同温度条件下岩石应力-应变曲线

石的抗压强度都保持在 100～150MPa，因岩样自身的结构，在 200℃时岩石的抗压强度出现了异常高值。

  2. 围压条件下应力-应变特征

  不同温度和围压条件下花岗岩岩样的应力-应变曲线见图 2.5.11 和图 2.5.12。由图 2.5.11 和图 2.5.12 可见，由于花岗岩较为致密，受围压影响，裂缝闭合，应力-应变曲线上的裂缝压密段并不明显，因此，一般出现弹性变形、塑性变形和岩样破坏三个特征，这三个特征的具体表现与单轴时基本一致。20MPa 围压下，常温、200℃和 300℃的岩石的抗压强度都保持在 300MPa 左右，随温度增加，岩石应力-应变曲线峰后的曲线斜率出现了明显的变化，温度升高使岩石应力-应变曲线峰后的曲线斜率明显减小。

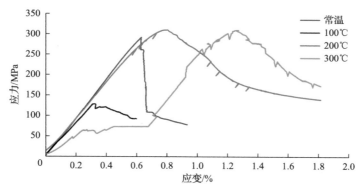

图 2.5.11　不同温度和 20MPa 围压条件下花岗岩岩样应力-应变曲线

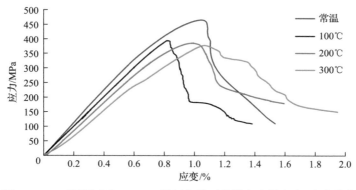

图 2.5.12　不同温度和 40MPa 围压条件下花岗岩岩样应力-应变曲线

  40MPa 围压下的应力-应变曲线表现出与 20MPa 类似的特征，常温条件下岩石的抗压强度大于 450MPa，100℃、200℃和 300℃条件下岩石的抗压强度都保持在 350～400MPa，温度升高并没有使岩石的抗压强度发生明显的变化。

  综合不同围压和温度条件下的岩石应力-应变曲线特征，可以发现，随着围压增加，抗压强度增大，温度升高，应力-应变曲线表现出一定的右移倾向，曲线峰后斜率逐渐减小，表明岩石的脆性逐渐减弱，塑性逐渐增强。

2.5.5　高温岩石力学参数

　　杨氏模量、泊松比、抗压强度等静态岩石力学参数是裂缝模拟的输入参数以及判断岩石脆塑性的基础参数。利用高温高压三轴岩石力学参数测试仪和青海共和盆地岩心测试得到的单轴和三轴岩石力学参数实验结果表明(表2.5.2)，热储段岩石较为坚硬，单轴下杨氏模量为 31423～33638MPa，泊松比为 0.203～0.225。围压下杨氏模量为 36933～54142MPa，泊松比为 0.250～0.343。

表 2.5.2　单轴和围压条件下的岩石力学参数

样品编号	检测条件		压缩测试结果				
	围压/MPa	孔隙压力/MPa	抗压强度/MPa	杨氏模量/MPa	泊松比	内聚力/MPa	内摩擦角/(°)
X1-1-cz1	0	0	82.09	32838	0.206	16.5	48.11
X1-1-sp0	0	0	85.64	33007	0.203		
X1-1-sp45	20	0	178.56	36933	0.250		
X1-1-sp90	40	0	354.07	44910	0.338		
X1-2-cz1	0	0	103.71	33638	0.225	16.0	52.22
X1-2-sp0	0	0	90.23	31423	0.216		
X1-2-sp45	20	0	358.66	47290	0.319		
X1-2-sp90	40	0	430.38	54142	0.343		

2.5.6　高温高压下的岩石本构模型

　　常规条件下，高温围压下的杨氏模量、抗压强度等参数需要借助室内实验方可获取。通过对实验数据的分析，推导出岩石的本构模型来预测不同温度、围压下的力学参数。基于室内高温与围压条件下的岩石力学实验结果，推导得到的适合干热岩高温环境的岩石本构方程如式(2.5.7)所示：

$$\sigma_0\left(dT^2+eT+f\right)=\frac{\sigma_0\left(gT^2+hT+i\right)}{a+b\varepsilon_0\left(gT^2+hT+i\right)+c\varepsilon_0^2\left(gT^2+hT+i\right)^2} \tag{2.5.7}$$

式中，T 为温度；σ_0 为岩石常温时和温度为 T 时的差应力；ε_0 为岩石常温时和温度为 T 时的峰值应变差；a、b、c 为本构模型计算可得的参数；d、e、f、g、h、i 的数值与岩性有关。

　　用式(2.5.7)来计算不同温度、围压下的抗压强度、杨氏模量等储层岩石力学参数，符合率达 90%以上(表2.5.3)。

表 2.5.3　实验室实测抗压强度和杨氏模量与模型预测结果对比

实验条件		实验结果		模型预测结果		符合率/%
温度/℃	围压/MPa	抗压强度/MPa	杨氏模量/GPa	抗压强度/MPa	杨氏模量/GPa	
100	0	116.5	39.8	101.0	38.6	92
	20	300.0	46.0	290.0	44.0	96
	40	394.8	49.8	380.0	46.0	94
200	0	120.0	38.0	110.0	35.0	92
	20	311.2	44.4	302.0	40.0	94
	40	386.8	46.8	365.0	43.0	93
	90	613.4	51.2	602.0	49.0	97
300	0	120.0	36.6	115.0	35.0	96
	20	310.8	43.0	301.0	40.0	95
	40	386.0	45.0	384.0	43.0	98
	90	597.0	48.2	589.0	45.0	96

2.5.7　岩石硬度与脆性

岩石硬度和脆性是决定能否改造形成复杂裂缝的关键地质参数。岩心布氏硬度法和矿物组分法等可用来评价花岗岩的硬度与脆性。

1. 岩石硬度

岩石硬度反映岩石抵抗外部更硬物体压入(侵入)其表面的能力,在一定程度上也能反映岩石的抗压强度和脆塑性,但不能等同,岩石压入硬度与单轴抗压强度之比在5~20。表 2.5.4 是在地面条件下的岩心硬度测试结果,从测试数据来看,花岗岩非常坚硬,塑性系数小于 1,表现出脆性较好。

表 2.5.4　岩心硬度测试结果

样品编号	测试条件			硬度测试结果/MPa	塑性系数
	围压/MPa	孔隙压力/MPa	温度/℃		
X1-1	0	0	20	1422	0.63
X1-2	0	0	20	1190	0.56
X2-1	0	0	20	1374	0.50

2. 岩石脆性

目前有 20 多种岩石脆性指数定量评价方法,较为常用的有岩心矿物组分法和围压下的岩石力学参数计算法,一般采用多种方法相结合,综合确定岩石脆性。

1) 矿物组分法

利用 X 射线衍射分析得到岩石各矿物含量，以脆性矿物含量之和除以全矿物含量得到脆性指数，其计算公式为

$$BI = (C_{石英} + C_{碳酸盐岩}) / (C_{石英} + C_{碳酸盐岩} + C_{黏土}) \times 100\% \tag{2.5.8}$$

式中，将石英和碳酸盐岩均作为脆性矿物；BI 为脆性指数，%；$C_{石英}$为石英含量，%；$C_{碳酸盐岩}$为碳酸盐岩含量，%：$C_{黏土}$为黏土含量，%。

2) 岩石力学参数计算法

利用在围压下测得的杨氏模量和泊松比的平均值、最小值和最大值进行归一化处理后进行脆性指数的计算，其计算公式为

$$YM_{Brit} = \frac{YMS_c - YMS_{c\,min}}{YMS_{c\,max} - YMS_{c\,min}} \times 100\% \tag{2.5.9}$$

$$PR_{Brit} = \frac{PR_c - PR_{c\,max}}{PR_{c\,min} - PR_{c\,max}} \times 100\% \tag{2.5.10}$$

$$BI = \frac{YM_{Brit} + PR_{Brit}}{2} \tag{2.5.11}$$

式中，YM_{Brit}为基于归一化杨氏模量的脆性指数，%；YMS_c为围压下杨氏模量平均值，MPa；$YMS_{c\,min}$为围压下杨氏模量最小值，MPa；$YMS_{c\,max}$为围压下杨氏模量最大值，MPa；PR_{Brit}为基于归一化泊松比的脆性指数，%；PR_c为泊松比平均值；$PR_{c\,max}$为泊松比最大值；$PR_{c\,min}$为泊松比最小值；BI 为脆性指数，%。

利用 X1 井下花岗岩岩心，采用岩石矿物组分法和围压下的岩石力学参数计算法计算得到的岩石脆性指数分别为 24.5% 和 30.7%，脆性指数较低，反映出岩石的偏塑性特征，这与高温围压下的应力-应变曲线特征是一致的，说明地层条件下花岗岩"硬而不脆"，不利于"打碎"地层，从而使裂缝复杂化。

2.6　地应力大小和差异

最小主应力与最大主应力大小、水平两向主应力差及垂向应力是影响施工压力大小、裂缝转向和缝高延伸的重要因素。由岩心差应变和凯塞(Kaiser)效应分析法与测井分析可得到最小主应力、最大主应力和连续垂向应力剖面。

1. 主应力大小与梯度

利用差应变和 Kaiser 效应分析法得到的 X1 井 2200m 和 3200m 处的最小主应力梯度为 0.0214MPa/m，最大主应力梯度为 0.0241MPa/m，估算 3500～4000m 深度处两向主应力差为 9.5～10.8MPa，最大主应力与垂向应力较为接近。三向主应力大小测试结果见表 2.6.1。

表 2.6.1 三向主应力大小测试结果

样品编号	Kaiser 点对应的应力值/MPa				三向主应力大小/MPa		
	垂直	0°	45°	90°	垂向应力	最大主应力	最小主应力
X1-1	33.32	32.91	20.93	26.23	54.47	54.70	46.74
X1-2	51.80	47.89	29.04	40.65	80.83	77.67	68.94

2. 垂向应力剖面

利用已钻干热岩井 X2 井声波测井资料分析得到的干热岩体段连续应力剖面见图 2.6.1。最小主应力梯度为 0.022MPa/m，最大主应力梯度为 0.0246MPa/m，估算 3500～ 4000m 深度处两向主应力差为 9.1～10.4MPa，垂向上无明显应力遮挡层，对缝高的延伸是有利的。

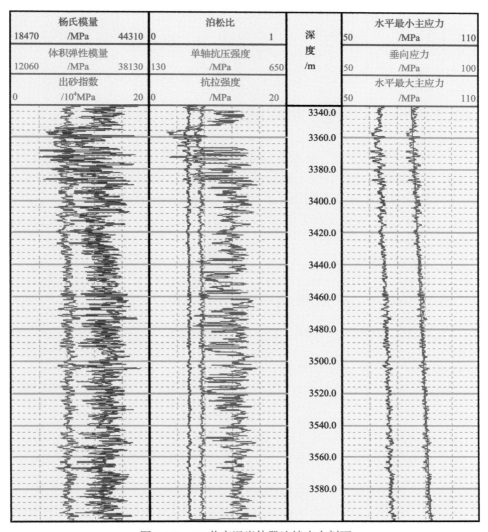

图 2.6.1 X2 井高温岩体段连续应力剖面

3. 地应力方位

最大主应力方位对于指导干热岩井注采井位方向的部署非常重要，裂隙统计、全直径岩心古地磁、倾角测井和裂缝监测等方法均可用来分析评价最大主应力方位，基于裂隙统计和前述成像测井的玫瑰图发现，青海共和盆地水平最大主应力方向总体呈北东向。由于干热岩井所处区域断裂的复杂性，各井点最大主应力方位可能发生变化，压裂过程中要对每口井进行裂缝监测，以进一步确认分析各井点最大主应力方位。

总之，测试和描述干热岩的关键地质和工程特性，可采用室温下常规手段与高温下测试、测井相结合。对某盆地花岗岩的总体认识有以下几方面：

(1)共和盆地是古近纪初形成的断陷盆地，盆地周边的断裂构造较为发育，干热岩为印支期侵入岩，180℃以上的干热岩分布在 2880m 以深。

(2)青海共和盆地的花岗岩主要有灰色中粗粒二长花岗岩、黑云母二长花岗岩、中粗粒蚀变花岗岩等，岩石矿物以钾长石、斜长石、石英为主，其占总矿物的 80%以上，含有少量黑云母、白云母、方解石和绿泥石。

(3)岩石基质非常致密，在就地条件下渗透率可能处于纳达西范畴。孔隙度很低，且孔隙不连通。

(4)天然裂隙部分发育，包括近水平裂隙和同期次被方解石及石英脉充填的高角度垂直缝。

(5)杨氏模量、抗压强度、抗拉强度等岩石力学参数受温度影响小(300℃以内)，受围压影响大。岩石在地面条件下脆性特征明显，但在就地条件下则是"硬而不脆"。

(6)三向主应力以垂向应力最大，最大主应力与垂向应力接近。最小主应力、最大主应力梯度相对较高，两向主应力差较大。垂向应力剖面上无明显应力遮挡层。

参 考 文 献

[1] 蔺文静, 王贵玲, 邵景力, 等. 我国干热岩资源分布及勘探:进展与启示. 地质学报,2021,95(5):1366-1381.

[2] 郭守鑫, 崔文婷, 陈佰辉, 等. 青海省共和县恰卜恰镇中深层地热能勘查报告. 西宁:青海省水文地质工程地质环境地质调查院,2016.

[3] 张森琦, 付雷, 贾小丰, 等. 青海西宁—贵南地区地热资源调查成果报告. 保定:中国地质调查局水文地质环境地质调查中心,2019.

[4] 李晓勇, 范立勇. 西秦岭地区晚中生代 OIB 型玄武岩的发现及其意义. 中山大学学报,2006,(3):127-128.

[5] 张盛生, 蔡敬寿, 张磊, 等. 青海省共和县恰卜恰镇干热岩资源勘查报告. 西宁:青海省水文地质工程地质环境地质调查院,2019.

[6] 雷玉德, 罗银飞, 许伟林, 等. 青海省贵德县扎仓沟地热勘查报告. 西宁:青海省环境地质勘查局,2019.

[7] 沈显杰, 杨淑贞, 沈继英. 格尔木—额济纳旗地学断面热流研究与分析. 地球物理学报,1995,38(增刊II):86-97.

[8] 许志琴, 姜枚, 杨经绥, 等. 青藏高原的地幔结构:地幔羽、地幔剪切带及岩石圈俯冲板片的拆沉. 地学前缘,2004,11(4):329-343.

[9] 严维德. 共和盆地干热岩特征及利用前景. 科技导报,2015,33(19):54-57.

[10] 张盛生, 蔡敬寿, 张磊, 等. 青海省共和县恰卜恰镇干热岩勘查报告. 西宁:青海省水文地质工程地质环境地质调查院,2020.

第3章 热储参数测井评价方法

干热岩的岩性、裂缝、孔隙度、渗透率、导热性、地应力等热储关键参数是干热岩井压裂改造甜点选择和工艺优化的基础。在高温高压条件下，测井资料采集仪器面临耐高温和承高压等挑战，声电响应特征随温度和压力将发生较大变化，传统的测井解释模型和方法解释热储参数存在偏差，需要高温高压测井技术支持和构建新型解释模型来分析评价。本章介绍了高温干热岩井的测井资料采集方法和花岗岩热储参数测井解释方法。

3.1 测井资料采集方法

3.1.1 测井系列

为有效识别岩性、评价裂缝及定量计算热储孔隙度、渗透率、井温、力学特性与地应力等参数，必须进行自然伽马、双井径、连续井斜方位、地层倾角、双侧向、补偿声波、井温等测井，或者选测补偿中子、补偿(岩性)密度、微电阻率成像、阵列声波、核磁共振等(表3.1.1)，以满足精细分析热储特性的要求。

表 3.1.1 测井系列

岩性	测井项目	
花岗岩	自然伽马、双井径、连续井斜方位、地层倾角、双侧向、补偿声波、井温	必测
	补偿中子、补偿(岩性)密度、微电阻率成像、阵列声波、核磁共振等	选测

3.1.2 高温测井技术

干热岩井测井面临的最大问题就是如何保障测井仪器在高温高压环境下正常工作，获得准确的测井资料，用以解释评价热储参数。目前主要发展了以下高温和高压条件下的测井技术与施工方法。

1. 耐高温技术

为保证测井仪器在高温下正常运行，仪器外部要使用保温瓶，仪器内部放置吸热剂，同时优化仪器内外壁处理工艺，采用模块化、超低功耗集成电路降低自发热。仪器元器件采用耐高温型号，密封圈采用陶瓷材质等方式实现[1,2]。

2. 耐高压技术

为使测井仪器在井下承受高压，在仪器结构上增加承压模块，达到仪器防灌的目的；采用阶梯结构、平衡设计等，提高测井仪器的动密封耐压能力。

3. 高温测井施工方法

干热岩热储层温度一般大于 180℃，除需要耐高温仪器和保温措施外，测井施工设计和准备工作非常重要，一般方法如下：

1）施工设计

需由施工单位技术专家根据地质条件（温度、压力、井眼大小、复杂程度等）制定详细的施工设计方案，对施工前技术准备、施工仪器使用方案、资料质量保障措施、工程问题预案及各环节责任人进行策划和规定。

2）仪器准备

所用仪器必须在高温高压实验室或维修车间恒温箱中模拟井下条件实验。每个仪器都要进行加温，温度一般控制在施工井预测井底温度以内，并恒温足够时间。

如遇高压情况，下井仪器和工具必须进行耐高压实验，压力一般为施工井井底液柱静压力以上，检验耐压性和密封性。

特殊井眼条件下对偏心器等辅助工具需进行重新设计、加工与可靠性实验。

3）施工过程控制

高温条件下施工与一般测井施工有着本质区别，施工单位和施工小队需高度重视，各岗位人员需各司其职，严格按施工设计进行施工，若发现测井异常，则采取果断措施。要尽量缩短下井仪在井中的停留时间，提高作业时效。井温特别高时，可建议钻井队通井循环钻井液，降低井筒及周围温度[2]。

3.2 热储参数测井解释方法

热储参数的测井解释主要采用测井解释模型对测井数据进行反演分析，分析结果的准确与否除了与测井数据相关外，关键在于解释模型的适应性。温度高是干热岩井最显著的特点，它将明显影响声波速度、电阻率等测井声、电响应特征，采用传统解释模型不可避免造成反演结果的偏差，因此必须构建新型解释模型进行评价分析。本节介绍了花岗岩高温声电响应特性、高温声学特性数值变化规律、热储参数测井评价方法等。

3.2.1 高温声电响应特征

为了构建干热岩热储参数解释模型，必须对干热岩的声电响应进行测试分析，获取声波速度、电阻率随温度和压力变化的规律，为声学数值模拟奠定基础。

1. 实验方法

对声波速度、电阻率的测试一般采用定轴压和变围压、变温声、电联测装置，实验数据采集标准按石油天然气行业标准《岩样声波特性的实验室测量规范》（SY/T

6351—2012)执行。

2. 测试结果

1)定轴压测试结果

为研究不同温度下岩心声波速度、电阻率随温度变化规律,为数值模拟提供刻度数据,设置恒定轴压为 12MPa,温度从室温 10℃开始起测,50~500℃每间隔 50℃测量一个点,测试了花岗岩的声电变化特性。结果表明,横波速度随温度的增加呈降低趋势,在 250℃之前降低幅度小,超过 250℃时降低幅度明显增大;纵波速度随温度的增大也呈现下降趋势,超过 250℃时降低幅度明显增大(图 3.2.1)。这说明纵横波在高温环境中的传播速度受到了制约。

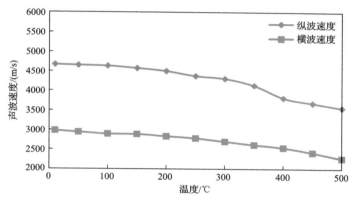

图 3.2.1 声波速度随温度变化曲线

电阻率随温度的增高呈现线性下降趋势(图 3.2.2),这反映出电阻率对温度更加敏感,电阻率变化模型中不考虑温度影响将导致较大偏差。

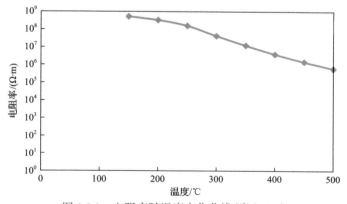

图 3.2.2 电阻率随温度变化曲线(岩心 1-4)

2)变围压测试结果

围压设置为 10~120MPa,测试其对声波速度的影响,得到如图 3.2.3 所示的结果。由图说明,围压对声波速度的影响相对较小,当围压超过 60MPa 后横波和纵波速度基本无变化，这启示我们要把研究重点放在温度对声波速度和电阻率的影响规律上。

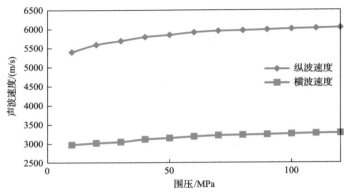

图 3.2.3　围压对声波速度的影响曲线

为进一步分析温度对声波速度和电阻率的影响规律，按照定轴压测试方法测试了不同岩心纵波速度、横波速度和电阻率随温度的变化(图 3.2.4～图 3.2.6)，多块岩心按照相同方法测试得到的结果显示，其随温度的变化规律与前述结论是一致的。

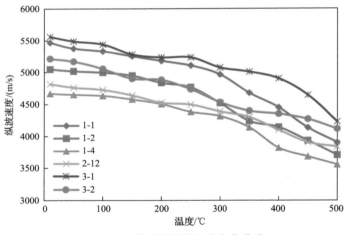

图 3.2.4　纵波速度随温度变化曲线

3.2.2　高温声学特性数值变化规律

为了将岩心测试分析得到的单点结果转化为连续性数值变化规律，便于在模型中使用，需要找到温度与矿物弹性模量、声波时差、电阻率的关系，从而建立数值模拟模型，分析连续变化规律。

1. 声学特性数值模拟

1)模拟方法

在只有岩心高温声学测试数据而无每个矿物测试数据的限制下，可将所有矿物组

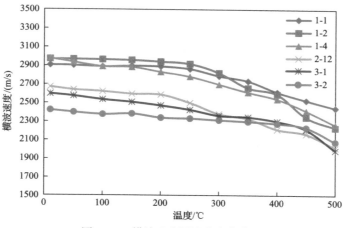

图 3.2.5　横波速度随温度变化曲线

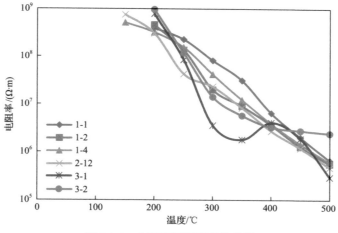

图 3.2.6　电阻率随温度变化曲线

分看作骨架，找到温度与骨架弹性模量的关系，将不同温度下的骨架弹性模量作为有限元算法的输入，模拟得到不同温度下的应力、应变，通过转化得到弹性模量和纵横波速度。声学模拟流程图如图 3.2.7 所示。

2）弹性模量与温度的关系

为研究不同温度下岩心中各组分矿物弹性模量的变化规律，从安德森-格林艾森（Anderson-Grüneisen）δ_T 参数和热弹性参数 g 的定义出发，推导出如下体积模量、剪切模量与温度的关系式。

体积模量与温度的关系：

$$\frac{B_T}{B_{T_0}} = \left\{ 1 - \frac{1}{A_1} \ln\left[1 + \frac{A_1 P}{B_{T_0}} - A_1 a_0 (T - T_0) \right] \right\} \times \left[1 + \frac{A_1 P}{B_{T_0}} - A_1 a_0 (T - T_0) \right] \quad (3.2.1)$$

式中，B_T 为温度为 T 时的体积模量；B_{T_0} 为温度为 T_0 时的体积模量；P 为压力；A_1、

a_0 为系数。

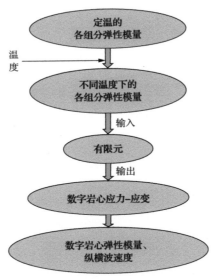

图 3.2.7 声学模拟流程图

剪切模量与温度的关系：

$$\frac{G_T}{G_{T_0}} = \left\{ 1 - \frac{1}{A_2} \ln \left[1 + \frac{A_2 P}{G_{T_0}} - A_2 a_0 \left(T - T_0 \right) \right] \right\} \times \left[1 + \frac{A_2 P}{G_{T_0}} - A_2 a_0 \left(T - T_0 \right) \right] \quad (3.2.2)$$

式中，G_T 为温度为 T 时的剪切模量；G_{T_0} 为温度为 T_0 时的剪切模量；A_2、a_0 为系数。

3）声学特性的数值模拟特征

采用上述数值模型（数值模拟参数与实验室测试一致），模拟不同温度下的纵横波特征，其结果与岩石物理实验结果吻合较好，误差均在 5%以内，其中 GYR3-1 60nm 高分辨率数字岩心数值模拟结果与 250nm 数字岩心数值模拟结果基本吻合，说明测试中采用不同分辨率图像融合方法是可行的。岩心体积模量、剪切模量和纵横波速度均随着温度升高而降低。岩心由于各组分的热膨胀系数不一致，在温度达到 150～300℃时，会出现热裂纹，导致岩心弹性模量下降，纵横波速度降低，当岩心产生较大裂缝时，弹性模量和纵横波速度会显著降低。温度由 10℃升温至 500℃时，纵横波速度降低幅度约 20%，见表 3.2.1。

表 3.2.1 花岗岩纵横波变化幅度（10～500℃） （单位：%）

岩心编号	纵波速度变化	横波速度变化
GYR1	26.8	20.6
GYR2	21.7	23.0
GYR3-1	21.7	17.6
GYR3-3	22.0	18.0

由图 3.2.8 可知，岩心埋深越深，纵横波速度比越大，随着温度升高，GYR1、GYR3-1 和 GYR3-3 岩心纵横波速度比减小，GYR2 岩心纵横波速度比略有升高。

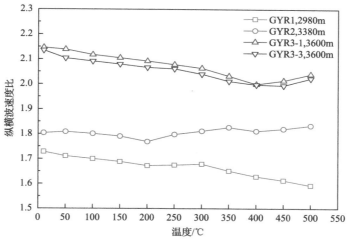

图 3.2.8 花岗岩不同温度下纵横波速度比

2. 电学特性数值模拟

1）模拟方法

不同温度下干热岩电学特性模拟测试思路与声学特性模拟思路类似：先确定数字岩心组分，找到温度对骨架电导率的影响，将不同温度下的骨架电导率作为有限元算法的输入，模拟得到不同温度下整体数字岩心的等效电流，转化得到电阻率，见图 3.2.9。

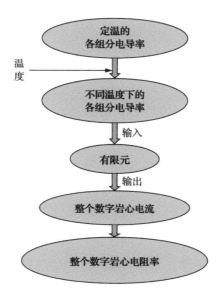

图 3.2.9 电学特性数值模拟流程图

2) 矿物的电阻率与温度的关系

设计简单的两相串并联模型(图 3.2.10),第一相电导率为 σ_1,体积分数为 x,第二相电导率为 σ_2,体积分数为 $1-x$,则两相并联条件下,有效电导率为[3-5]

$$\sigma = x\sigma_1 + (1-x)\sigma_2 \tag{3.2.3}$$

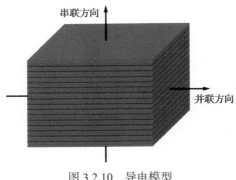

图 3.2.10   导电模型

同理,在两相串联条件下,有效电阻率为

$$\sigma = \left(\frac{x}{\sigma_1} + \frac{1-x}{\sigma_2} \right)^{-1} \tag{3.2.4}$$

干热岩大多属于中生代以来的酸性侵入岩,一部分属于中-新生代变质岩,甚至是厚度巨大的块状沉积岩。侵入岩为电子导电,骨架导电能力很差,可以看作绝缘体,当温度 T 升高时,电阻率 ρ 会降低。

电阻率与温度的关系可定义为

$$\rho = a_0 + b_0 T + c_0 T^2 + \cdots \tag{3.2.5}$$

式中,系数 a_0、b_0、c_0……可通过岩石物理实验数据拟合得到。

由岩石物理实验数据可知,此地区电阻率的对数与温度大致呈现线性关系,为此,将电阻率与温度的关系式变为

$$\lg\rho = a_0 + b_0 T + c_0 T^2 + \cdots \tag{3.2.6}$$

3) 电学特性的数值模拟特征

数值模拟中考虑加入温度时,将温度对岩心的电学特性影响转入对数字骨架的影响。基于有限元算法,输入不同温度下骨架的电导率,计算得到整个岩心不同温度下的电流,转化得到电阻率等参数。温度设置为 10~500℃,每 50℃模拟一次,围压设置为 12.0MPa,与岩石物理实验设置一致。电阻率模拟结果如图 3.2.11 所示。

为了探究天然裂缝对电阻率的影响,在数字岩心中人为添加裂缝,由于添加垂直

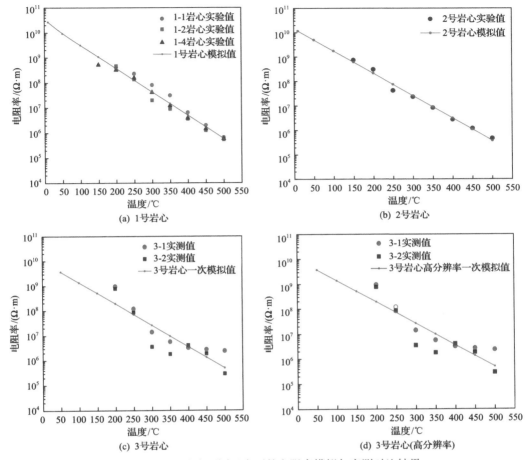

图 3.2.11　干热岩不同温度下的电阻率模拟与实测对比结果

缝对干燥岩心电阻率基本无影响，且裂缝形态多为低角度缝，这里设置裂缝角度为 0°，模拟结果如图 3.2.12 所示。若不添加裂缝，岩心电阻率趋势如预测值所示；添加裂缝后的岩心电阻率较之前明显增大，说明裂缝对电阻率有显著影响，但由于只添加一条裂缝，随着温度升高，岩心电阻率依旧会继续呈线性下降。因此，随温度升高，应在岩心添加更多的裂缝，以便符合岩心热开裂的实际情形。

3.2.3　热储参数计算方法

利用前述的声电响应特征和建立的数值模型，综合常规测井解释方法，可以对岩性、裂缝、导电性、基质孔隙度、渗透率和井温等参数进行分析识别与评价。

1. 岩性识别

花岗岩的主要造岩矿物为石英、钾长石、斜长石及黑云母等少量暗色矿物，其测井响应特征明显不同。常见的花岗岩及其测井响应特征如下：①花岗岩，主要由石英（25%～40%，一般 30% 左右）、钾长石（占长石总量的 2/3）和酸性斜长石组成，暗色矿

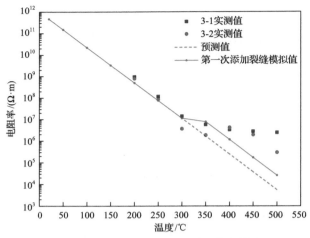

图 3.2.12 模型中添加裂缝前后模拟结果

物较少（5%～10%），测井曲线上表现为自然伽马数值较高。②二长花岗岩，钾长石和斜长石含量相近，其中黑云母花岗岩最常见，黑云母含量高时表现为异常高的自然伽马特征，黑云母含量较低时自然伽马数值较低。③斜长花岗岩，斜长石多于钾长石时，二长花岗岩过渡为斜长花岗岩，斜长石占长石总量的 90%，碱性长石很少，暗色矿物一般不超过 10%，在测井曲线上表现为自然伽马相对较低的特征。可以根据花岗岩造岩矿物的岩石物理特征和测井情况，采用以下两种方法进行岩性识别。

1）自然伽马曲线法

根据区域地质特征，选取自然伽马曲线上某一数值为界限值，把岩性分为黑云母二长花岗岩和二长花岗岩两种。图 3.2.13 为利用该方法分析得到的 XX 井岩性评价成果图。在使用该方法时，需要注意标准岩性标定、自然伽马界限值落实及与密度、中子等岩性敏感性曲线的对应性。

2）元素俘获测井法

元素俘获谱测井（elemental capture spectroscopy，ECS）是目前测量地层元素含量精度较高的测井方法。其岩性解释的基本原理是利用"剥谱法"对测量的热中子俘获谱解谱，从而得到地层元素的相对产额，根据"氧闭合模型"将相对产额转化为元素质量百分含量，达到应用元素产额确定元素氧化物含量，最终识别火成岩岩性的目的。

斯伦贝谢公司 ECS 测井确定元素质量分数的计算公式为

$$W_{ti}=FY_i/S_i \tag{3.2.7}$$

式中，W_{ti} 为元素 i 的质量分数；Y_i 为测得的地层元素 i 的伽马射线的份额，即元素 i 的产额；S_i 为地层元素 i 的相对质量分数灵敏度（$g^{-1}\cdot s^{-1}$），即探测元素 i 的灵敏度；F 为每个深度点待确定的归一化因子。

利用式（3.2.7），就可以得到元素相对含量，之后再将其转化为元素的氧化物含量，再利用全碱—二氧化硅（TAS）图解法确定岩性。

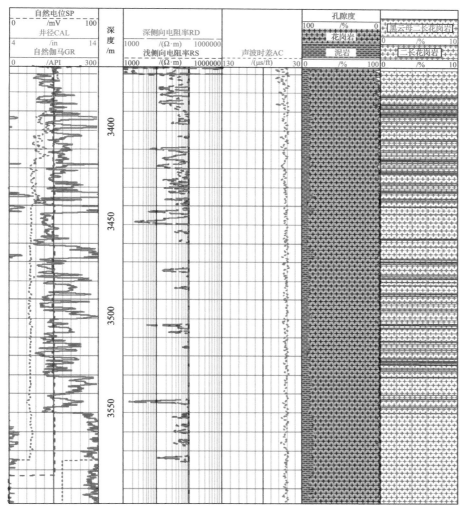

图 3.2.13 XX 井岩性评价成果图

需要说明的是，ECS 测井是一种新的测井方法，目前虽然在识别酸性火成岩岩性方面见到一定效果，但识别中、基性火成岩还存在问题，需进一步研究探索 ECS 测井方法的适用性。

2. 裂缝评价

在测井曲线图上，裂缝发育段表现为双侧向电阻率数值降低、声波时差数值增大、双井径数值差异小。致密层段表现为双侧向电阻率数值高，声波时差数值小，地层应力集中，双井径表现为椭圆井眼。基于裂缝测井响应特征，可利用三种方法对目的层段进行裂缝参数评价。

1) 声波孔隙度法

该方法所利用的原理就是裂缝发育段受泥浆侵入的作用，声波传播速度降低，声波时差增大。

$$\phi_s = (\Delta t - \Delta t_{ma}) / (\Delta t_f - \Delta t_{ma}) \tag{3.2.8}$$

式中，ϕ_s 为声波孔隙度；Δt 为声波时差，$\mu m/ft$；Δt_{ma} 为骨架时差，$\mu m/ft$；Δt_f 为流体时差，$\mu m/ft$。

由于声波测井主要反映地层基质孔隙度，对裂缝特别是高角度裂缝敏感性差，在裂缝性储层中计算的孔隙度往往偏小。

2) 双侧向电阻率计算裂缝孔隙度

一般采用两种方法，一种是基于双侧向差异大小来计算裂缝孔隙度如式 (3.2.9) 所示。通常认为，裂缝发育段由于泥浆侵入作用，双侧向电阻率会出现明显的差异，差异越大则说明裂缝发育程度越高，反之则越低。

$$\phi_f = \sqrt[m_f]{a\left(\frac{1}{R_d} - \frac{1}{R_s}\right) \Big/ \left(\frac{1}{R_w} - \frac{1}{R_{mf}}\right)} \tag{3.2.9}$$

式中，R_d 为目的层电阻率，$\Omega \cdot m$；R_{mf} 为泥浆滤液电阻率，$\Omega \cdot m$；m_f 为裂缝孔隙结构指数，通常取值在 1.5 以下；a 为岩性系数。

另一种则是在泥浆深侵入双侧向无差异条件下，根据电阻率幅度高低来判断裂缝发育程度，如式 (3.2.10) 所示。这种方法存在一定的局限性，如基岩电阻率超过仪器测量范围，此外，电阻率的降低不排除地层蚀变的可能。

$$\phi_f = \sqrt[m_f]{\left(\frac{1}{R_d} - \frac{1}{R_b}\right) \Big/ \left(\frac{1}{R_{mf}} - \frac{1}{R_b}\right)} \tag{3.2.10}$$

式中，R_b 为围岩电阻率。

3) 主成分裂缝评价法

通常情况下，用单一测井资料或某一种方法识别裂缝都可能存在多解性，需采用多种测井信息进行综合评价。应用主成分裂缝评价法提取主成分曲线，放大地层裂缝响应特征，从而更有效地识别断层内部结构单元。图 3.2.14 是利用声波孔隙度法和双侧向电阻率计算裂缝孔隙度得到的 XX 井裂缝发育段成果图，与岩心观察结果基本一致。

3. 裂缝导电性

假设有两块尺寸完全相同的岩石，如图 3.2.15 所示，其中一块岩石的裂缝导电路径长度 L_{fo} 等于岩石裂缝长度 L，并且岩石的裂缝导电截面积 A_{fo} 等于岩石裂缝截面积 A；另一块岩石的裂缝导电路径长度 L_{fo} 大于岩石裂缝长度 L，而岩石的裂缝导电截面积 A_{fo} 等于岩石裂缝截面积 A。若这两块岩石的裂缝孔隙度相等，裂缝孔隙中完全饱和地层水，岩石基块不导电，则裂缝岩石电阻率为

$$R_{fo} = R_w \frac{A}{A_{fo}} \frac{L_{fo}}{L} \tag{3.2.11}$$

式中，R_{fo} 为岩石裂缝电阻率，$\Omega \cdot m$；R_w 为地层水电阻率，$\Omega \cdot m$；L 为岩石裂缝长度，m；L_{fo} 为裂缝导电路径长度，m；A 为岩石裂缝截面积，m^2；A_{fo} 为岩石裂缝导电截面积，m^2。

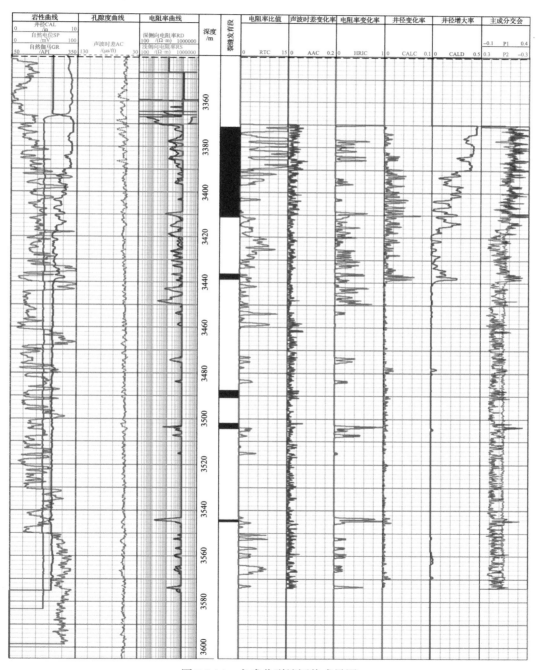

图 3.2.14　主成分裂缝评价成果图

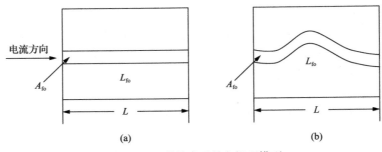

图 3.2.15 裂缝岩石导电机理模型

岩石的裂缝导电孔隙体积等于岩石的裂缝导电截面积乘以岩石的裂缝导电路径长度，即

$$V_{\varPhi_{\text{fo}}} = A_{\text{fo}} L_{\text{fo}} \qquad (3.2.12)$$

岩石裂缝体积 V 等于岩石的裂缝截面积 A 乘以岩石裂缝长度 L，即

$$V = AL \qquad (3.2.13)$$

联立方程(3.2.11)、式(3.2.13)可得

$$R_{\text{fo}} = R_{\text{w}} \frac{1}{\dfrac{V_{\varPhi_{\text{fo}}}}{V}} \left(\frac{L_{\text{fo}}}{L} \right)^2 \qquad (3.2.14)$$

在图 3.2.15(a)中，岩石的裂缝导电路径长度等于岩石裂缝长度，岩石的裂缝导电截面积等于岩石裂缝截面积，因而岩石的裂缝导电孔隙体积等于裂缝孔隙体积，则式(3.2.14)为

$$R_{\text{fo}} = R_{\text{w}} \frac{1}{\dfrac{V_{\varPhi_{\text{f}}}}{V}} \qquad (3.2.15)$$

式中，$V_{\varPhi_{\text{f}}}$ 为裂缝孔隙体积。

裂缝孔隙体积与岩石裂缝体积之比定义为裂缝孔隙度，因此有

$$R_{\text{fo}} = R_{\text{w}} \frac{1}{\varPhi_{\text{f}}} \qquad (3.2.16)$$

式中，$\varPhi_{\text{f}}$ 为裂缝孔隙度。

裂缝地层岩石电阻率与地层水电阻率之比称为裂缝地层岩石电阻率因素(简称地层因素)，其表达式为

$$F_{\text{f}} = \frac{1}{\varPhi} \qquad (3.2.17)$$

式中，F_{f} 为地层因素；$\varPhi$ 为孔隙度。

在图 3.2.15(b)中，岩石的裂缝导电路径长度大于岩石裂缝长度，而岩石的裂缝导电截面积等于岩石裂缝截面积，在这种情况下，岩石的裂缝导电孔隙体积与岩石裂缝体积之比定义为裂缝导电孔隙度，用符号 Φ_{fo} 表示，则有

$$R_{fo} = R_w \frac{1}{\dfrac{V_{\Phi_{fo}}}{V}} \left(\frac{L_{fo}}{L}\right)^2 = R_w \frac{1}{\Phi_f{}^{m_f}} \tag{3.2.18}$$

式中，m_f 为裂缝孔隙结构指数。

所以，裂缝地层岩石电阻率因素与裂缝孔隙度的关系为

$$F_f = \frac{1}{\Phi_f{}^{m_f}} \tag{3.2.19}$$

当裂缝导电孔隙度小于裂缝孔隙度时，裂缝孔隙结构指数大于 1。

4. 基质孔隙度

1）花岗岩储层基质孔隙度

根据所确定的各种火成岩的骨架参数，分别应用密度、中子及声波测井资料计算流纹岩的孔隙度。从计算结果看，三种测井曲线计算的孔隙度与岩心分析结果之间具有较好的相关性。但是，由于储层含气等的影响，计算的三种孔隙度与岩心分析孔隙度相比偏高或偏低，因此为了消除这些影响，同时考虑到采用密度、中子和声波计算的孔隙度与岩心分析孔隙度之间具有很好的线性相关性，采用密度、中子、声波计算的孔隙度相结合确定基质孔隙度，其计算公式为

$$POR = A \times \phi_D + B \times \phi_N + C \times \phi_S + D \tag{3.2.20}$$

式中，ϕ_D、ϕ_N、ϕ_S 分别为密度孔隙度、中子孔隙度和声波孔隙度，%；A、B、C、D 均为系数。按照上述方法计算得到的青海共和盆地 XX 井的基质孔隙度与裂缝孔隙度计算成果图见图 3.2.16。

2）中、基性火成岩孔隙度参数

对于安山岩、玄武岩、粗安岩和英安岩，根据其骨架参数，分别计算其密度、中子及声波孔隙度，并采用中子、密度、声波计算的孔隙度进行多元线性回归来确定孔隙度。

英安岩：

$$POR = A_1 \times \phi_D + B_1 \times \phi_N + C_1 \times \phi_S + D_1 \tag{3.2.21}$$

安山岩：

$$POR = A_2 \times \phi_D + B_2 \times \phi_N + C_2 \times \phi_S + D_2 \tag{3.2.22}$$

玄武岩：

$$POR = A_3 \times \phi_D + B_3 \times \phi_N + C_3 \times \phi_S + D_3 \qquad (3.2.23)$$

粗安岩：

$$POR = A_4 \times \phi_D + B_4 \times \phi_N + C_4 \times \phi_S + D_4 \qquad (3.2.24)$$

式中，$A_1 \sim A_4$、$B_1 \sim B_4$、$C_1 \sim C_4$、$D_1 \sim D_4$ 均为系数，%。

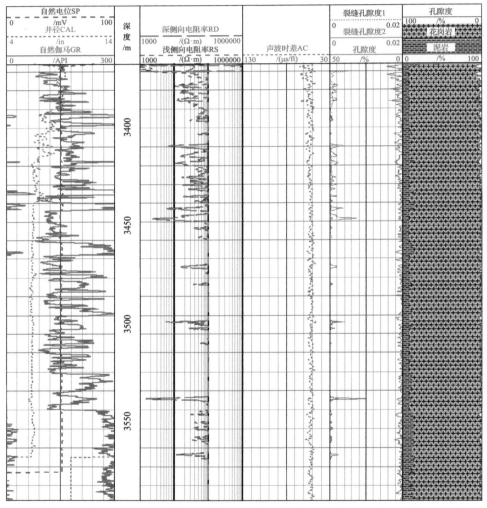

图 3.2.16　基质孔隙度与裂缝孔隙度计算成果图

3）应用核磁资料确定基质孔隙度

核磁共振测井确定地层孔隙度的依据来自观测信号强度与孔隙流体中氢核含量的对应关系。如果观测信号强度能够正确反映宏观磁化强度 M，那么，它在零时刻的数值大小将与地层孔隙中的含氢总量成正比，由此，经过恰当的标定，即可把零时刻的观测信号强度标定为岩层的孔隙度。通过刻度由 T_2 分布可直接得到孔隙度，计算公式为

$$\text{MPHI} = \sum_i p_i \tag{3.2.25}$$

式中，MPHI 为核磁共振孔隙度；p_i 为第 i 种组分孔隙度。

对于深层火成岩地层，如果地层孔洞、裂缝发育，核磁共振测井测得的孔隙度应该包括孔洞、裂缝的贡献。因此，应用核磁测井资料确定火成岩的基质孔隙度时，应去掉 1024～2048ms 的组分。

5. 渗透率

1）常规测井资料

渗透率是影响储层流体能否产出的关键的储层参数，它与岩石的孔隙结构密切相关。将岩心分析的渗透率与岩心分析的孔隙度建立关系，针对研究区块的这种实际情况，在确定储层的渗透率参数时，采取了应用孔隙度参数通过回归求取储层渗透率参数的方法。回归公式为

$$\text{PERM} = A_1 \times e^{B_1 \times \phi} \tag{3.2.26}$$

式中，PERM 为储层的渗透率，$10^{-3}\mu m^2$；A_1、B_1 为回归系数。

2）核磁测井资料

核磁共振测井能够反映出储层的孔隙结构，从而可以提供更为精确的储层渗透率参数。目前 P 型核磁共振采用科茨（Coates）模型计算渗透率，其方程为

$$K = (\text{MPHI}/C)^4 \times (\text{FFI/BVI})^2 \tag{3.2.27}$$

式中，MPHI 为核磁共振孔隙度，%；C 为待定系数；FFI 为可动流体饱和度，%；BVI 为束缚流体饱和度，%；K 为渗透率。

在定量解释和计算渗透率的过程中，束缚流体饱和度的准确性起着关键作用，目前普遍采用 T_2 截止值的方法确定束缚流体饱和度，T_2 截止值由 T_2 谱确定。

6. 生热率

生热率采用修正后的天然放射性核素计算式进行计算：

$$\text{HG} = 10^{-5}\rho (9.52C_U + 2.56C_{Th} + 3.48C_K) \tag{3.2.28}$$

式中，HG 为岩石生热率，$\mu W/m^3$；C_U 为岩石中的 U 含量，ppm[①]；C_{Th} 为岩石中的 Th 含量，ppm；C_K 为岩石中 K 含量，%（质量分数）；ρ 为岩石密度，g/cm^3。

7. 井温

1）井温测井的影响因素

（1）岩性的影响。

在未受扰动的井中，岩性对井温测井曲线有明显影响。因为岩性不同，当导热系

① ppm=10^{-6}。

数增加时, 地温梯度减小。

(2)完井方式的影响。

套管、水泥胶结和井眼扩大对井温曲线都有影响。裸眼井井壁与循环流体直接接触, 冷却较深, 在水泥胶结井段, 由于套管和水泥把循环流体与地层隔开, 冷却较浅, 恢复到地层温度要比裸眼井快, 套管层数越多, 这种影响越明显。在井眼扩大处, 裸眼井有负异常, 看上去好像注入层。关井后, 随着关井时间增加, 这种影响消失。

2) 井温梯度统计分析

利用交会图技术, 对测井的井温数据进行井温梯度拟合统计, 如 XX 井 0～3602m 井段井温梯度为 4.8℃/100m。鉴于地层岩性对井温梯度有影响, 所以分岩性对井温梯度进行统计, 上部砂泥岩层段(0～1330m)井温梯度为 6.82℃/100m, 下部花岗岩层段 (1330～3603m)井温梯度为 4.11℃/100m。两段井温梯度数值有着明显的差异。从深度-井温交会图(图 3.2.17)上也可以看出两段曲线斜率存在明显的拐点, 且拐点深度在 1330m 左右, 与该井岩性剖面具有较好的一致性。

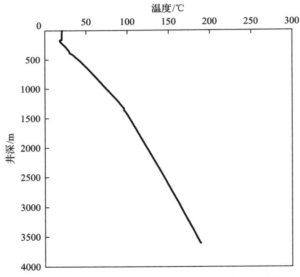

图 3.2.17 青海共和盆地 XX 井井温测井解释成果图

天然裂缝是干热岩压裂形成复杂裂缝非常重要的地质因素, 天然裂缝发育段是压裂甜点段, 对它的识别与评价要采用多种方法来确认。基于以上裂缝发育段测井曲线表现特征, 根据声波孔隙度法、双侧向电阻率计算裂缝孔隙度法、主成分裂缝评价法对 XX 井裂缝发育情况进行了分析评价, 划分了不同发育段。根据裂缝发育情况, 将测量井段内地层划分为三段: 3366～3460m 井段为裂缝孔隙相对发育井段; 3460～3543m 井段为岩性致密段, 零星发育裂缝; 3543～3590m 井段为裂缝孔隙相对较发育井段, 如图 3.2.18 所示。这将为压裂选段提供基础依据。

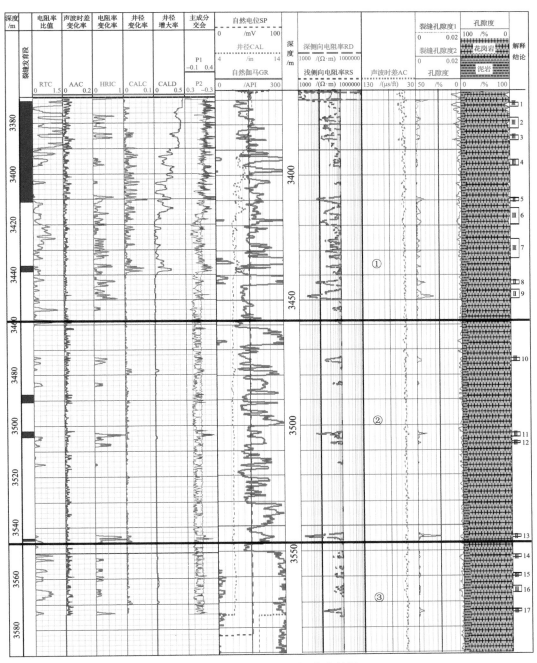

图 3.2.18 XX 井裂缝评价成果图

参 考 文 献

[1] 《测井学》编写组. 测井学. 北京: 石油工业出版社, 1998: 384-523.

[2] 沈琛. 测井工程监督. 北京: 石油工业出版社, 2005: 165-290.

[3] 李潮流, 胡法龙, 侯雨庭, 等. 基于有限元的致密砂岩储层电阻率特性模拟. 石油学报, 2016, 37(6): 787-795.

[4] 聂昕, 邹长春, 孟小红, 等. 页岩气储层岩石三维数字岩心建模——以导电性模型为例. 天然气地球科学, 2016, 27(4): 706-715.

[5] 程泽虎, 薛海涛, 李文浩, 等. 基于 FE-SEM 大视域拼接技术定量表征致密砂岩储集空间——以泌阳凹陷核桃园组为例. 中国石油勘探, 2018, 23(5): 79-87.

第4章 裂缝起裂与扩展特性

前述研究表明，干热岩岩石坚硬、致密，其中天然裂缝部分发育，水力裂缝的起裂与扩展特性是决定能否形成复杂缝网的关键因素之一。本章介绍干热岩在不同地质与工程条件下水力裂缝起裂与扩展特性、复杂缝形成机制以及热-流-固耦合的裂缝扩展数值模型，为干热岩体积改造井段选择和工艺措施优化提供基础依据。

4.1 裂缝形成机制

4.1.1 岩石破裂准则

1. 断裂力学准则

线弹性断裂力学理论是经奥罗万(Orowan)修正并由伊尔文(Irwin)发展起来的。Irwin将材料断裂时的裂缝看成是位移向量的非连续表面。根据位移的形态将裂缝分为三种类型，即张开型、错开型和撕开型，又称Ⅰ型、Ⅱ型、Ⅲ型裂缝，见图4.1.1。

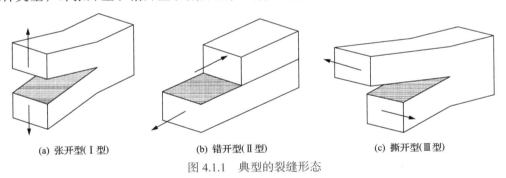

(a) 张开型(Ⅰ型)　　　　(b) 错开型(Ⅱ型)　　　　(c) 撕开型(Ⅲ型)

图4.1.1 典型的裂缝形态

根据 Irwin 的断裂力学理论，对于三种类型的裂缝，当应力强度因子 K_i 达到一个临界值 K_{iC} 时，裂缝发生扩展：

$$K_i = K_{iC}, \quad i = \text{I}, \text{II}, \text{III} \tag{4.1.1}$$

式中，K_{iC} 为临界应力强度因子或者断裂韧性。

对于每一种裂缝类型，在一个以裂缝尖端为原点的极坐标系下，应力强度因子可以由相应的应力分量(沿 $\theta = 0$，$r \to 0$)表示为

$$
\begin{aligned}
K_{\text{I}} &= \lim_{r \to 0} [\sqrt{2\pi r} \sigma_{yy}(r, \theta = 0)] \\
K_{\text{II}} &= \lim_{r \to 0} [\sqrt{2\pi r} \tau_{xy}(r, \theta = 0)] \\
K_{\text{III}} &= \lim_{r \to 0} [\sqrt{2\pi r} \tau_{yz}(r, \theta = 0)]
\end{aligned} \tag{4.1.2}
$$

式中，σ_{yy}、τ_{xy}、τ_{yz} 均为水力裂缝尖端的应力分量；r 为距裂缝尖端的距离；θ 为在裂缝尖端的夹角。

通常以如下形式表达：

$$K = F\sigma\sqrt{\pi a} \tag{4.1.3}$$

式中，a 为裂缝半长；σ 为应力；F 为无量纲应力强度因子(或无因次应力强度因子)。

2. 格里菲斯准则

岩体一般是含有多裂缝体系的结构体。对于在一般情况下呈脆性破坏的材料，其破坏强度与理论强度存在着不同程度的离散性。为了说明这一问题，格里菲斯(Griffes)于 1920 年研究并首次指出这种不同起因于固体内存在微小裂缝，破坏是从微小裂缝处开始发生的，并提出了强度理论学说。

格里菲斯认为，实际的固体在结构构造上既不是绝对均匀的，也不是绝对连续的，其内部包含大量的微裂缝和微孔洞。即使像玻璃那样的脆性材料，其内部都含有潜在的裂缝。由于微裂缝或微孔洞边缘上的应力集中，很可能在边缘局部产生很大的拉应力。当这种拉应力达到或超过其抗拉强度时，微裂缝便开始扩展，如图 4.1.2 所示。当许多这样的微裂缝扩展、联合、捕获时，最后会使固体沿某一个或若干个平面或曲面形成宏观破裂。

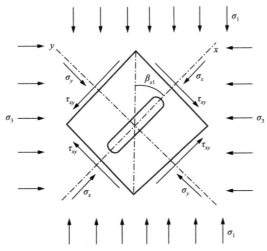

图 4.1.2　裂缝附近局部应力状态

σ_1-最大主应力；σ_3-最小主应力；σ_x-x 方向应力；σ_y-y 方向应力；
τ_{xy}-xy 平面的剪应力；β_{x1}-x 轴与最大主应力 σ_1 的夹角

格里菲斯强度准则表示为

$$2\sigma_t \leqslant \sigma_y + \sqrt{\sigma_y^2 + \tau_{xy}^2} \tag{4.1.4}$$

式中，σ_t 为抗拉强度。

即满足式(4.1.4)时，裂缝便开始破坏并扩展。

4.1.2 天然裂缝对破裂压力的影响

1. 沿天然裂缝的张性破裂条件

当井筒发育天然裂缝时，天然裂缝的继续延伸与岩石的断裂韧性、裂缝的长度、地应力及天然裂缝的方位等因素有关。

$$p - \left(\sigma_{\mathrm{N}} - \alpha_{\mathrm{B}} p_{\mathrm{p}}\right) \geqslant \frac{K_{iC}}{\sqrt{\pi a}} \tag{4.1.5}$$

式中，α_{B} 为毕奥(Biot)系数；p_{p} 为孔隙压力；σ_{N} 为天然裂缝面上的法向压应力。

$$\sigma_{\mathrm{N}} = \sigma_r \cos^2 \beta_1 + \sigma_\theta \cos^2 \beta_2 + \sigma_z \cos^2 \beta_3 \tag{4.1.6}$$

式中，σ_r、σ_θ、σ_z 分别为 r、θ、z 方向的应力；β_1、β_2、β_3 为天然裂缝的法线方向与井眼周围各主应力的夹角。则水力裂缝沿天然裂缝起裂的临界压力 p 为

$$p = (\sigma_r \cos^2 \beta_1 + \sigma_\theta \cos^2 \beta_2 + \sigma_z \cos^2 \beta_3 - \alpha_{\mathrm{B}} p_{\mathrm{p}}) + \frac{K_{\mathrm{IC}}}{\sqrt{\pi a}} \tag{4.1.7}$$

式中，a 为裂缝半长。

2. 沿天然裂缝的剪切破裂条件

当井眼周围的天然裂缝存在主发育带时，在一定的地应力条件下，水力裂缝可以沿着天然裂缝发生剪切破坏。

设裂缝面与最大地应力 σ_r 的夹角为 β，裂缝面上的正应力 σ 和剪应力 τ 为

$$\sigma = \frac{1}{2}(\sigma_r + \sigma_\theta) + \frac{1}{2}(\sigma_r - \sigma_\theta)\cos 2\beta \tag{4.1.8}$$

$$\tau = \frac{1}{2}(\sigma_r - \sigma_\theta)\sin 2\beta \tag{4.1.9}$$

根据莫尔-库仑(Mohr-Coulomb)准则：

$$\tau = c_{\mathrm{w}} + \sigma \tan \phi_{\mathrm{w}} \tag{4.1.10}$$

式中，c_{w} 为天然裂缝面的黏聚力，对无充填的天然裂缝面，$c_{\mathrm{w}} = 0$；ϕ_{w} 为内摩擦角。

天然裂缝面发生剪切起裂的判断准则为

$$\sigma_r - \sigma_\theta = \frac{2\sigma_\theta \tan \phi_{\mathrm{w}}}{(1 - \tan \phi_{\mathrm{w}} \cot \beta) \sin 2\beta} \tag{4.1.11}$$

4.1.3 天然裂缝对水力裂缝扩展的影响

当天然裂缝不与井筒相交，而是在水力裂缝扩展的路径上，这种情况就比较复杂

了，水力裂缝的扩展延伸有以下几种可能。

假设水力裂缝在沿着最大主应力方向扩展时，遇到了一条闭合的天然裂缝，逼近角为 θ ，水平主应力分别为 σ_1 和 σ_3 ，如图 4.1.3 所示。

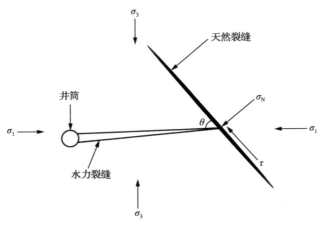

图 4.1.3　天然裂缝对水力裂缝影响示意图

水力裂缝扩展的条件为

$$p = \sigma_3 - \alpha_B p_p + \frac{K_{IC}}{\sqrt{\pi a_1}} \tag{4.1.12}$$

式中， a_1 为水力裂缝的半长。

天然裂缝扩展的条件为

$$p = \sigma_N - \alpha_B p_p + \frac{K_{IC}}{\sqrt{\pi a_2}} \tag{4.1.13}$$

式中， a_2 为天然裂缝的半长。

(1)穿过天然裂缝的条件。水力裂缝要在相交点直接穿过天然裂缝或在天然裂缝壁面上的某个弱面突破，继续沿着最大主应力方向扩展，则缝内压力 p_I 需要满足如下条件：

$$p_I = \sigma_3 - \alpha_B p_p + \frac{K_{IC}}{\sqrt{\pi a_1}} \leqslant \sigma_N - \alpha_B p_p + \frac{K_{IC}}{\sqrt{\pi a_2}} \tag{4.1.14}$$

即

$$p_I = \sigma_3 - \alpha_B p_p + \frac{K_{IC}}{\sqrt{\pi a_1}} \tag{4.1.15}$$

且

$$(\sigma_1 - \sigma_3)\sin^2 \theta \geqslant K_{IC} \frac{\sqrt{a_1} - \sqrt{a_2}}{\sqrt{\pi a_1 a_2}} \tag{4.1.16}$$

由式(4.1.16)可知，当水力裂缝与天然裂缝相交后，决定天然裂缝延伸方向的因素主要包括水平主应力差、逼近角、水力裂缝和天然裂缝的长度。

(2)沿着天然裂缝延伸的条件。水力裂缝沿着天然裂缝方向从天然裂缝端部延伸，然后在延伸过程中逐渐转向，继续沿着最大主应力方向延伸，则缝内压力 p_{II} 需要满足如下条件：

$$p_{\text{II}} = \sigma_{\text{N}} - \alpha_{\text{B}} p_{\text{p}} + \frac{K_{\text{IC}}}{\sqrt{\pi a_2}} \leqslant \sigma_3 - \alpha_{\text{B}} p_{\text{p}} + \frac{K_{\text{IC}}}{\sqrt{\pi a_1}} \tag{4.1.17}$$

即

$$p_{\text{II}} = \sigma_{\text{N}} - \alpha_{\text{B}} p_{\text{p}} + \frac{K_{\text{IC}}}{\sqrt{\pi a_2}} \tag{4.1.18}$$

且

$$(\sigma_1 - \sigma_3)\sin^2 \theta \leqslant K_{\text{IC}} \frac{\sqrt{a_1} - \sqrt{a_2}}{\sqrt{\pi a_1 a_2}} \tag{4.1.19}$$

(3)止于天然裂缝的条件。当天然裂缝为体积较大如裂隙或者裂缝较长或压裂液黏滞阻力较大，即满足

$$\sigma_{\text{N}} - \alpha_{\text{B}} p_{\text{p}} \leqslant p_{\text{III}} < \min\left\{\sigma_3 - \alpha_{\text{B}} p_{\text{p}} + \frac{K_{\text{IC}}}{\sqrt{\pi a_1}}, \sigma_{\text{N}} - \alpha_{\text{B}} p_{\text{p}} + \frac{K_{\text{IC}}}{\sqrt{\pi a_2}}\right\} \tag{4.1.20}$$

从上面分析可以看出：干热岩压裂过程中裂缝的扩展延伸是一个复杂的过程，它取决于多种因素，要获得商业开发就要有一定的压裂改造体积，就要对地层裂缝发育情况、地应力特征等有详尽的科学分析，从而制定合理的压裂改造方案。

4.2　裂缝扩展物理模拟

干热型地热资源存在于高温、少水且渗透率低的岩层，常见岩性为花岗岩、黑云母片麻岩、花岗闪长岩等，其层理、节理及夹层发育，具有高度隐蔽性、不确定性和时空变异性。目前的裂缝起裂与扩展研究主要针对砂岩、页岩与碳酸盐岩等。本节主要介绍花岗岩中水力裂缝起裂与扩展特性。

4.2.1　物理模拟实验相似原理

实验室物理模拟是认识裂缝起裂与扩展特性的基本方法，而模拟条件和参数是决定模拟结果准确性的关键因素，因实验室不可能把现场实际工程条件全部复制到室内，所以就要做出妥协，抓住模拟研究的核心问题，对实验样品的尺寸、注入液体的黏度、排量等按照相似准则来设置。de Pater 等[1]1994 年利用因次分析的方法基于二维模型的压裂控制模型推导出了二维水力压裂模型的相似准则。中国石油大学(北京)的柳贡慧等[2]针

对三维模拟的控制方程进一步推导出了三维水力压裂模型的相似准则，并根据此相似准则进行了水力压裂模拟试验。本节关于相似准则的推导是在前人水力压裂模拟实验相似准则的基础上，考虑干热岩特性，引入适用于干热岩的弹性平衡方程、连续性方程、压力梯度方程及裂缝扩展条件，从而得到可用于干热岩物理模拟实验的相似准则。

裂缝延伸控制方程来源于 Clifton 和 Wang[3]提出的三维模型，其基本假设为：①地层为各向同性的线弹性体；②压裂液在缝内的流动状态理想化为不可压缩幂律流体的层流，压裂液在基本平行的孔隙性壁面间流动；③由于缝宽相对于缝高和缝长很小，忽略沿缝宽方向的流体速度梯度；④裂缝的扩展受线弹性断裂力学中断裂准则的控制。为方便相似理论的应用，另假设压裂液为牛顿流体。控制方程如下。

弹性平衡方程为

$$
\begin{aligned}
\Delta p(x,y) &= p(x,y) - \sigma_{zz}^0(x,y,0) \\
&= E_e \iint_A \left\{ \frac{\partial}{\partial x}\left[\frac{1}{R}\frac{\partial w(x,y)}{\partial x}\right] + \frac{\partial}{\partial y}\left[\frac{1}{R}\frac{\partial w(x,y)}{\partial y}\right] \right\} \mathrm{d}x\mathrm{d}y
\end{aligned}
\tag{4.2.1}
$$

式中，E_e 为等效弹性模量，$E_e = E[4\pi(1-\nu)]^{-1}$（$E$ 为弹性模量，ν 为泊松比），MPa；p 为缝内液体压力，MPa；w 为裂缝宽度，m；σ_{zz}^0 为压裂施工前裂缝壁面上的法向压应力，MPa；R 为被积函数积分点 (x,y) 与压力作用点 (x_0, y_0) 之间的距离，m。

连续性方程为

$$
\frac{\partial q_x}{\partial x} + \frac{\partial q_y}{\partial y} + \frac{\partial w}{\partial t} + \frac{2K_L \dfrac{p-p_f}{\sigma_{zz}^0(0,0)-p_f}}{\sqrt{t-\tau(x,y)}} - q_I = 0
\tag{4.2.2}
$$

式中，K_L 为综合滤失系数；p_f 为孔隙压力，MPa；τ 为裂缝壁面上某位置与压裂液接触的时间，s；q_x 为在 x 方向单位长度上的体积流量，m³/s；q_y 为在 y 方向单位长度上的体积流量，m³/s；q_I 为裂缝单位面积的体积注入速率（除井底附近与射孔段相邻的区域外均为零），m/s；t 为注液时间，s。

压力梯度方程为

$$
\begin{aligned}
\frac{\partial p}{\partial x} + \eta\frac{q_x}{w^3} &= 0 \\
\frac{\partial p}{\partial y} + \eta\frac{q_y}{w^3} &= \gamma
\end{aligned}
\tag{4.2.3}
$$

式中，γ 为由压裂液重力产生的单位体积力（液体的重度），N/m³；η 为黏度系数，Pa·s，对于牛顿流体，η 与常用的幂律流体系数 B 的关系为 $\eta=12B$。裂缝扩展条件为

$$
w_c = \frac{K_{IC}}{2\pi E_e}\left[\frac{2a(s)}{\pi}\right]^{1/2}
\tag{4.2.4}
$$

式中，$a(s)$ 为裂缝邻域的宽度，m；w_c 为裂缝扩展所需的临界裂缝宽度，m。当距缝端为 a 处的裂缝宽度 $W_a(s)<w_c$ 时，裂缝不扩展；$W_a(s)>w_c$ 时，裂缝扩展。

  单值性条件包括几何条件、介质条件、边界条件和起始条件。几何条件：模型的大小实际上限制了裂缝的极限尺寸。介质条件：包括液体的单位体积力 γ、黏度系数 η 以及岩石等效弹性模量 E_e（弹性模量 E 与泊松比 ν 的组合）、断裂韧性 K_{IC} 和综合滤失系数 K_L 等。边界条件：包括地应力分布 σ_{zz}、井筒内压力 p、单位面积上的体积流量 q 和泵入流量 Q 等。其中

$$Q = 2\int_{-h/2}^{h/2} q_x(0,y,t)\mathrm{d}y \tag{4.2.5}$$

式中，h 为裂缝高度，m。

  根据上述控制方程及单值条件，可以利用相似理论来推导组建模型实验所需要的实验参数，建立关系方程。在选择单值量作测量单位前，先采用抽象的测量单位作为过渡。这些抽象的测量单位分别是 l_0、p_0、σ_0、E_{e0}、q_0、q_I、t_0、Q_0、τ_0、K_{L0}、η_0、γ_0 和 K_{IC0}。利用这些测量单位构成如下恒等量：

$$
\begin{cases}
p = \dfrac{p}{p_0}p_0 = \bar{p}p_0, \quad p_f = \dfrac{p_f}{p_0}p_0 = \bar{p}_f p_0 \\[2mm]
\sigma_{zz}^0 = \dfrac{\sigma_{zz}^0}{\sigma_0}\sigma_0 = \bar{\sigma}_{zz}^0\sigma_0, \quad E_e = \dfrac{E_e}{E_{e0}}E_{e0} = \overline{E}_e E_{e0} \\[2mm]
x = \dfrac{x}{l_0}l_0 = \bar{x}l_0, \quad y = \dfrac{y}{l_0}l_0 = \bar{y}l_0 \\[2mm]
w = \dfrac{w}{l_0}l_0 = \bar{w}l_0, \quad w_c = \dfrac{w_c}{l_0}l_0 = \bar{w}_c l_0 \\[2mm]
R = \dfrac{R}{l_0}l_0 = \bar{R}l_0, \quad h = \dfrac{h}{l_0}l_0 = \bar{h}l_0 \\[2mm]
a = \dfrac{a}{l_0}l_0 = \bar{a}l_0, \quad q_I = \dfrac{q_I}{q_0}q_0 = \bar{q}_I q_0 \\[2mm]
q_x = \dfrac{q_x}{q_0}q_0 = \bar{q}_x q_0, \quad q_y = \dfrac{q_y}{q_0}q_0 = \bar{q}_y q_0 \\[2mm]
Q = \dfrac{Q}{Q_0}Q_0 = \overline{Q}Q_0, \quad t = \dfrac{t}{t_0}t_0 = \bar{t}t_0 \\[2mm]
\tau = \dfrac{\tau}{\tau_0}\tau_0 = \bar{\tau}\tau_0, \quad K_L = \dfrac{K_L}{K_{L0}}K_{L0} = \overline{K}_L K_{L0} \\[2mm]
K_{IC} = \dfrac{K_{IC}}{K_{IC0}}K_{IC0} = \overline{K_{IC}}K_{IC0} \\[2mm]
\eta = \dfrac{\eta}{\eta_0}\eta_0 = \bar{\eta}\eta_0, \quad \gamma = \dfrac{\gamma}{\gamma_0}\gamma_0 = \bar{\gamma}\gamma_0
\end{cases} \tag{4.2.6}
$$

式中，l_0、p_0、σ_0、E_{e0}、q_0、q_I、t_0、Q_0、τ_0、K_{L0}、η_0、γ_0、K_{IC0} 为抽象测量单位；$\bar{p}$、$\bar{p_f}$、$\overline{\sigma_{zz}^0}$、$\bar{E_e}$、$\bar{x}$、$\bar{y}$、$\bar{w}$、$\bar{w_c}$、$\bar{R}$、$\bar{h}$、$\bar{a}$、$\bar{q_I}$、$\bar{q_x}$、$\bar{q_y}$、$\bar{Q}$、$\bar{t}$、$\bar{\tau}$、$\bar{K_L}$、$\bar{K_{IC}}$、$\bar{\eta}$、$\bar{\gamma}$ 为测量单位与对应的抽象测量单位的比值。

根据高斯绝对测量单位制的规则，控制方程的形式不应受测量单位制影响，从而得出约束条件：

$$\begin{cases} \dfrac{p_0}{E_{e0}}=1, & \dfrac{\sigma_0}{E_{e0}}=1, & \dfrac{l_0^2}{t_0 q_0}=1 \\[2mm] \dfrac{l_0 K_{L0}}{q_0 \sqrt{t_0}}=1, & \dfrac{q_I l_0}{q_0}=1 \\[2mm] \dfrac{q_0 \eta_0}{p_0 l_0^2}=1, & \dfrac{l_0 \gamma_0}{p_0}=1 \\[2mm] \dfrac{K_{IC0}}{E_{e0}\sqrt{l_0}}=1, & \dfrac{Q_0}{q_0 l_0}=1 \end{cases} \tag{4.2.7}$$

从而得到相似指标：

$$\begin{cases} \dfrac{c_L^3}{c_Q c_T}=1, & c_{K_L}\sqrt{\dfrac{c_L}{c_Q}}=1, & \dfrac{c_\eta c_Q}{c_L^3 c_p}=1 \\[2mm] \dfrac{c_{\sigma_{zz}^0}}{c_{E_e}}=\dfrac{c_p}{c_{E_e}}=\dfrac{c_{p_f}}{c_{E_e}}=1 \\[2mm] \dfrac{c_L c_{E_e}^2}{c_{K_{IC}}^2}=1, & \dfrac{c_\gamma c_L}{c_{E_e}}=1 \end{cases} \tag{4.2.8}$$

式中，c_V 为相似比例系数，$c_V = V_{model}/V_{field}$，表示模型与原型间同名物理量之比值，$V$ 代表 L、E_e、Q、T、K_L、η、p、p_f、σ_{zz}^0、γ 和 K_{IC} 等单值条件量。

根据相似第二定理，在模型尺寸一定时，模型井眼的大小取 1，原地应力情况下进行实验的条件下得出的相似比为

$$c_{\sigma_{zz}} = c_{E_e} = 1, \quad c_T = 1000, \quad c_Q = 10^{-6} \tag{4.2.9}$$

$$c_\eta \approx 10^3, \quad c_{K_{IC}} \approx 0.3, \quad c_{K_L} \approx 0.03 \tag{4.2.10}$$

这就表示原地应力条件下的模拟实验须采用断裂韧性、渗透性均较低的岩样或类岩物；采用高黏度压裂液且用极小的注入排量。自由测量单位的单值条件量的选择并不唯一，因此相似准则的形式并不唯一，但反映的实质是相同的。模拟实验中要满足所有的相似准则的要求是不现实的，为保证实验的可行性，有些次要条件可以忽略，某些条件也只能近似满足。即便如此，相似准则与相似指标仍然可以对模拟实验参数

的设计提供根本依据。

在水力压裂模拟实验中保持裂缝扩展的稳定性是极其重要的。各种数值模型都以准静态观念处理裂缝扩展过程，在裂缝张开和流体流动方程中都忽略惯性项；而在现场压裂作业中，裂缝的延伸过程也近似于准静态情形，它是个复杂的反馈过程。

根据模拟实验的要求，研究裂缝的扩展规律需保证裂缝扩展的稳定性，注入压力到达峰值后陡然产生较大落差显示了起裂瞬间很强的能量释放。相对于较小的实验模型，突然的起裂可能使裂缝很快突破外表面，这于研究裂缝的扩展规律是相当不利的，可采用提高围压的方法以钳制缝尖扩展的速度或是通过预制裂缝来减弱起裂瞬间能量释放的力度。给天然岩样预制裂缝难度较大，其方法国外已有报道，对岩样加工的要求非常严格，成本较高。解决问题的方法是采用强度较低的试样或提高压裂液的黏度，以减小断裂韧性对裂缝扩展的影响，避免在压裂实验过程中出现裂缝的动态扩展情形；一定要使裂缝进行准静态扩展(稳态扩展)，从而将裂缝扩展过程控制在理想的时间范围内。

4.2.2　物理模拟实验方法

1. 水力压裂模拟实验装置

研究采用大尺寸真三轴模拟压裂实验系统，模拟压裂实验系统由大尺寸真三轴实验架、三轴加热装置、伺服增压泵、数据采集系统、稳压源、油水隔离器及其他辅助装置组成，实验通过伺服增压油缸在试样的侧面施加刚性载荷，其中一个水平方向上施加水平最小主应力，在其他两个方向分别施加垂向地应力和水平最大主应力，各通道的压力大小可分别控制。

2. 实验样品

实验岩心样本为青海共和盆地的花岗岩露头，其与干热岩储层属于同一岩系。将露头切割、打磨成 300mm×300mm×300mm 的立方体试样，加工后的实验样品如图 4.2.1 所示。

图 4.2.1　实验用花岗岩样品

利用钻孔机在干热岩立方体试样的顶面中心钻一定直径小孔，并插入耐高温高压的金属管模拟压裂井筒，然后用密封圈和密封胶进行密封处理。

3. 加热系统

加热元件包括电加热棒、隔热板、温度传感器和温度调节器。在试样的每个外表面，除底面外均安装电热棒进行加热。

加热棒的外面是隔热板，用来隔离加热区。计算保温板的厚度，保证加热区恒温。温度调节器和六个温度传感器用于控制加热。温度传感器安装在样品的每个表面和井筒内。因此，温度调节器可以收集外部边缘和中心的实时温度数据，以决定何时启动、停止或调整加热以达到预期温度。

4. 实验过程

岩心试样达到设定的温度之后，利用真三轴水力压裂实验设备的液压伺服控制系统施加三向主应力。

启动伺服增压泵，以恒定速率将压裂液储集罐中的压裂液泵入井筒，逐渐压裂岩石试样，同时利用压力表记录泵注压力及变化规律。

实验结束后自然冷却后取出岩石试样，观察并拍照记录裂缝最终形态，并对压后岩样的裂缝面进行扫描，以便随后进行微观和其他分析。

4.2.3 裂缝扩展影响因素

1. 常温下的裂缝扩展

根据相似性准则，实验中施加水平主应力差为 3MPa，流体泵注排量为 30mL/min，采用清水作为压裂液，黏度为 1mPa·s，在相同实验条件下考察裂缝在均质与非均质介质中的扩展情况。

1) 均质岩石中裂缝的扩展

均质岩样的物理模拟实验结果表明，大部分岩样裂缝沿水平最大主应力方向扩展，形成井筒两翼对称的裂缝，但也有的样品中裂缝从裸眼段基质起裂，井筒两侧均产生裂缝，但仅在一侧扩展，如图 4.2.2 所示。右翼缝沿水平最大主应力方向直接扩展到边界，左翼缝在井筒处产生后没有继续扩展。因泵注排量较高，裂缝快速扩展，一旦右翼缝扩展到边界使压力下降，后续的注入压力无法再次使左翼缝扩展。这表明岩石的均质性和射孔方位等对于裂缝的起裂扩展有很大的影响，尤其对于花岗岩这类高强度岩石。

2) 含明显岩脉岩石中裂缝的扩展

图 4.2.3 中岩石样品含有明显的岩脉，岩脉矿物组成与岩石基质有明显的差异。模拟实验过程中裂缝从裸眼段基质起裂，形成双翼缝，右翼缝不受表层岩脉影响，沿水平最大主应力方向扩展，直接扩展到边界；左翼缝在延伸过程中遇天然裂缝发生转向，

然后沿天然裂缝扩展到边界。由于水平主应力差为 3MPa，水平最大主应力和水平最小主应力接近。裂缝整体上不是完全沿水平最大主应力方向，裂缝不是直线扩展，而是在延伸过程中发生了偏离，即当水平主应力差较小时，岩石非均质性影响裂缝延伸路径。

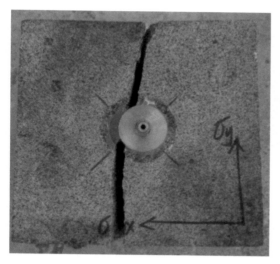
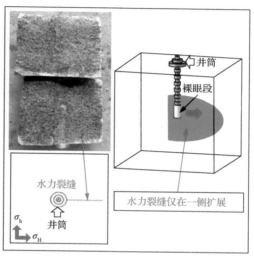

图 4.2.2　均质试样物理模拟实验后实物与裂缝扩展示意图

σ_H -水平最大主应力；σ_h -水平最小主应力

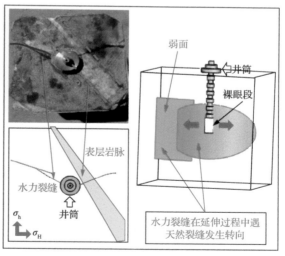

图 4.2.3　含岩脉试样物理模拟实验后实物与裂缝扩展示意图

3）含天然裂缝岩石中裂缝的扩展

在试样内部存在一条天然裂缝的岩样模拟实验过程中，发现裂缝从裸眼段基质起裂，形成双翼缝，右翼缝沿水平最大主应力方向扩展，直接扩展到边界；左翼缝在延伸过程中遇天然裂缝发生转向，然后沿天然裂缝扩展到边界，岩样中的天然裂缝被激活（图 4.2.4）。

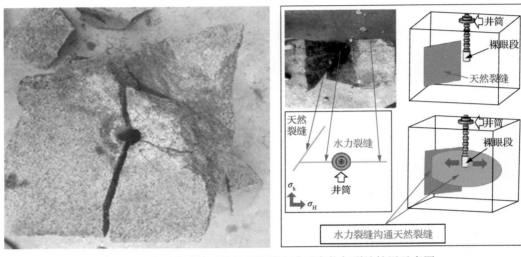

图 4.2.4　含天然裂缝试样物理模拟实验后实物与裂缝扩展示意图

　　另一个含一条天然裂缝试样的物理模拟实验结果见图 4.2.5。裂缝从裸眼段基质起裂，形成双翼缝，右翼缝沿水平最大主应力方向扩展，直接扩展到边界；左翼缝沿水平最大主应力方向扩展并沟通了天然裂缝，最终形成了 T 形裂缝。

图 4.2.5　试样物理模拟实验后实物与裂缝扩展示意图

2. 不同温度下的裂缝扩展

　　实验中保持其他实验参数不变，而实验温度分别从常温变为 120℃ 和 200℃，考察裂缝延伸规律。

　　试样 1 靠近底部存在一条水平方向的天然裂缝，并且实验前该裂缝没有与井筒沟通。试样逐步加热至 120℃，达到热平衡后开始压裂实验。实验过程中裂缝从裸眼段基质起裂，形成双翼缝并扩展至边界，水力裂缝底部在扩展过程中沟通了位于岩样底部沿水平方向的天然裂缝，然后沿天然裂缝进行扩展，见图4.2.6。

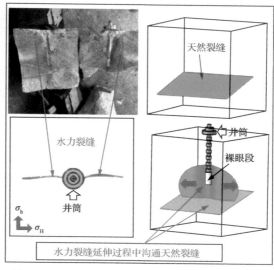

图 4.2.6　试样加热到 120℃物理模拟实验后实物与裂缝扩展示意图

将另一个不存在岩脉和天然裂缝的试样加温到 200℃，实验发现裂缝从裸眼段基质起裂，形成双翼缝，由于水平主应力差较小，水平最大主应力和水平最小主应力接近，裂缝整体上不是完全沿水平最大主应力方向延伸，延伸过程中发生了一定的方向偏离，见图4.2.7。

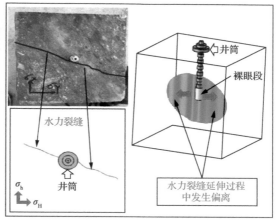

图 4.2.7　试样加热到 200℃物理模拟实验后实物与裂缝扩展与示意图

3. 高温下不同流体黏度下的裂缝扩展

实验温度为 200℃、水平主应力差为 6MPa、流体泵注排量为 5mL/min、流体黏度分别为 1mPa·s 和 33.11mPa·s 条件下裂缝的扩展特征显示，高黏度液体注入后裂缝从裸眼段基质起裂，形成的双翼缝沿水平最大主应力方向直接扩展到边界，裂缝呈直线延伸，延伸过程中没有发生偏离，见图 4.2.8。

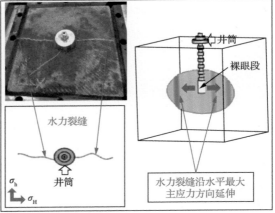

图 4.2.8　试样注入高黏液后裂缝扩展实物与示意图

低黏度流体注入后裂缝从裸眼段基质起裂，形成双翼缝，扩展情况与使用高黏流体一样，裂缝整体上沿水平最大主应力方向直线延伸，延伸过程中没有发生偏离，见图 4.2.9。

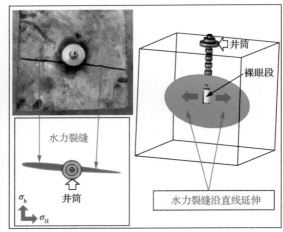

图 4.2.9　试样注入低黏度压裂液后实物与裂缝扩展示意图

4. 高温下不同水平主应力差对裂缝扩展的影响

基质性花岗岩实验试样在温度为 200℃、水平主应力差分别为 3MPa 和 6MPa 条件下的裂缝扩展情况见图 4.2.10。由图 4.2.10 可见，在水平主应力差为 6MPa 条件下，裂缝走向较直，发生弯曲的情况较少，裂缝的比表面积小，复杂程度低；在水平主应力差为 3MPa 条件下，裂缝的弯曲和复杂程度提高。

(a) 水平主应力差为6MPa　　　　　　　　　(b) 水平主应力差为3MPa

图 4.2.10　试样在不同水平主应力差条件下的裂缝扩展实物图

5. 超低温流体作用下的裂缝扩展特征

液氮是一种超低温液体,对高温干热岩在其作用下的裂缝扩展特征研究较少。图 4.2.11 为液氮压裂实验后的试样实物图,由图可知,液氮压裂产生的裂缝形态较复杂,裂缝在延伸过程中发生小幅度偏转,裂缝一翼在近井处遇一垂直水力裂缝的天然裂缝并转向,二者夹角约为 90°,另一翼发生轻微转折后扩展至边界。分析认为,产生复杂裂缝主要是由于液氮的温度低,对岩石造成损伤破坏,离井筒越近的位置,破坏越显著。

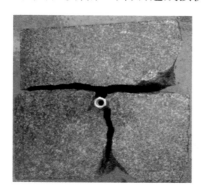

图 4.2.11　试样注入液氮后裂缝形态实物图

4.3　裂缝扩展的数值模拟

对于非连续、非均质干热岩体,水力裂缝起裂,扩展过程中岩石受力、变形与断裂是关键。Hubbert 和 Willis[4]的拉伸强度理论被广泛运用于垂直井的破裂压力预测。Roussel 等[5]借助 FLAC³ᴰ 研究了页岩气藏相邻压裂水平井生产导致的应力重分布。Kocabas[6]研究了恒定注入速率下的温度扰动应力场。但是,对于高温条件下干热岩的压裂起裂问题目前没有文献报道。

2000 年 Hossain 等[7]研究了裂缝延伸机理,指出在天然裂缝性储层中压裂应最大程度沟通岩石体积形成缝网，缝网的形成取决于天然裂缝的参数和原始地应力状态。Cipolla 等[8]分析了黏度的影响，认为低黏度压裂液有利于网络裂缝的形成，并用微震数据验证了这一观点。Wu 等[9]结合位移不连续理论和润滑理论，考虑缝网中流体流动力学和裂缝扩展轨迹，研究了次级裂缝开启对流体流量重分配的影响机制，但未考虑缝网滤失对裂缝扩展形态的影响。

4.3.1 裂缝扩展模型

1. 二维裂缝扩展模型

Perkins 和 Kern[10]在 Sneddon 弹性力学平面应变裂缝解的基础上，建立了 Perkins-Kern（PK）模型，后来被 Nordren[11]发展成为 PKN（Perkins-Kern-Nordren）模型。

PKN 模型［图 4.3.1（a）］假定水力裂缝高度不变，水力裂缝竖直横截面为椭圆形且满足弹性力学平面应变条件。KGD（Khristinaovic-Geertsma-de Klerk）[12,13]模型［图 4.3.1（b）］假定水力裂缝的竖直横截面为狭窄的矩形，且水力裂缝高度等于目标地层的厚度，水平横截面为近似椭圆形，且满足弹性力学平面应变条件。这些模型在 20 世纪 90 年代以前被广泛应用于水力压裂方案设计中。Daneshy[14]将幂律流体流动方程引入 KGD 模型中，Spence 和 Sharp[15]将地层岩石断裂韧性引入模型中，使得 KGD 模型得到较大的发展。Settari 等[16]将压裂液酸化过程引入水力裂缝模型中，从而实现了酸化压裂模拟。

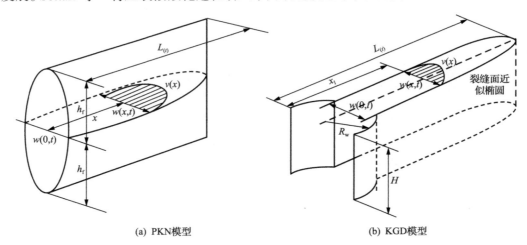

(a) PKN模型   (b) KGD模型

图 4.3.1　两种模型示意图

R_w-井筒半径；w-任意处裂缝宽度，m；h_f-裂缝半缝高，m；x-任意时刻裂缝缝长，m；$L_{(t)}$-裂缝半长，m；$v(x)$-缝宽为 x 时缝内最大流速，m/s；H-裂缝高度，m

2. 拟三维水力裂缝扩展模型

拟三维水力裂缝扩展模型考虑了水力压裂过程中裂缝在高度方向上的扩展，其方法常有两种：①采用裂缝延伸准则（如最大拉伸应力准则、能量释放率准则）研究水力裂缝在高度方向的扩展；②将 KGD 模型和 PKN 模型混合起来，先采用 KGD 模型计算垂向扩展步长，再采用 PKN 模型确定横向延伸步长，依次循环，即可建立拟三维水力裂缝扩展模型。

国外学者关于拟三维水力裂缝扩展模型的研究起步较早，主要原因是认识到层理面的弱胶结性对水力裂缝扩展和岩体滑移都有重要的影响。以拟三维水力裂缝扩展理论为基础，逐渐形成了商业化模拟软件，如 Stim Plan、FracproPT、GE-OFFER 和 FRACANAL 等。Zillur 和 Holditch[17]研究了层状岩石中水力裂缝在缝高方向上的应力强度因子，并与岩石断裂韧性进行比较，从而得到了水力裂缝高度，然后将水力裂缝高度应用于 PKN 或 KGD 模型中，再计算出裂缝的长度和宽度。Daneshy[18]研究了水力裂缝在层状岩石界面上的扩展行为，界面胶结性能既能影响水力裂缝扩展行为，又能促使岩体产生相对滑移。

我国关于拟三维水力裂缝扩展模型的研究思路和方法基本上与国外的理论模型相同，但是起步较晚，进展也比较缓慢。陈治喜等[19]假定水力裂缝垂向截面满足弹性力学平面应变条件，考虑了储层与上下隔层间的地应力差、裂缝内流体的重度、隔层岩石的断裂韧性，研究了层状介质中水力裂缝的垂向扩展机理。赵海峰等[20]指出水力裂缝与地层界面相交后水力裂缝高度停止扩展，水力裂缝长度则继续扩展；当水力裂缝长度超过临界值时，水力裂缝沿岩层界面扩展或穿透界面进入隔层的岩石基质内。刘洋等[21]将裂缝路径的分形效应考虑到岩石应力强度因子之中，结合岩石断裂韧性，判断裂缝长度的延伸。

3. 全三维水力裂缝扩展模型

美国 20 世纪 90 年代初发展了全三维水力裂缝扩展模型，它的精度比拟三维水力裂缝扩展模型高，但缺点是运算时间长。全三维水力裂缝扩展模型对裂缝尺寸没作任何假设，认为岩石在三个方向上发生变形，压裂液仅在水力裂缝面内流动，流-固耦合求解，即可得到全三维水力裂缝扩展模型。

目前，国外学者研究全三维水力裂缝扩展模型的方法主要有离散元法、边界元三维位移不连续法及变分法。Zhang 等[22]采用虚拟多维的内胶结模型模拟三维裂缝的扩展，将岩石材料看成是微观颗粒物以虚拟键连接而成的材料，虚拟键由法向刚度和切向刚度表征，裂缝是在大量的微观虚拟键断裂后形成的。Hamidi 和 Mortazavi[23]采用三维离散元和虚拟节点技术模拟三维水力裂缝，并分析了可控因素(如流体属性、注液速度)和不可控因素(如地应力、地层岩石属性)对水力裂缝形态的敏感性。Vandamme 等[24]研究了三维水力裂缝内部液压与流体黏度、泵注排量、地应力及缝几何形状之间的关系。Yamamoto 等[25]采用边界元三维位移不连续法研究了裂缝开度和裂缝周围的应力场，裂缝扩展是根据非牛顿流体流动方程、线弹性断裂力学、支撑剂运移三者耦合求解。Nikolski 等[26]采用边界元三维位移不连续法，研究了压裂液自重作用下的裂缝开度和周围应力场(图 4.3.2)。

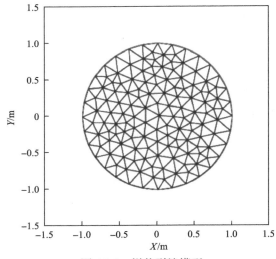

图 4.3.2　饼状裂缝模型

Sheibani 和 Olson[27]以裂缝尖端应力强度因子为判别依据，采用三维位移不连续法研究水力裂缝在高度方向的扩展和非平面扩展。Clifton 和 Wang[28]采用变分法模拟三维水力裂缝扩展过程。根据所考虑的因素，如支撑剂、热能传递、压裂液压缩性、三相流动、水力裂缝与天然裂缝的干扰行为等，全三维水力裂缝理论模型仍在不断发展和完善，并逐渐形成三维水力裂缝模拟器。Lee 和 Jantz[29]假设水力裂缝为一个椭球体，压裂液在水力裂缝内呈二维流动，支撑剂完全悬浮在压裂液中，并且与其等速流动。Lionel 和 Mukul[30]建立了一种考虑热量传递和压裂液可压缩性的全三维水力裂缝模型。

Jammoul 和 Wheeler[31]将储层三相流动与三维水力裂缝相耦合。Damjanac 等[32]认为水力裂缝在天然裂缝性油藏中扩展时，天然裂缝有滑移和张开的可能性，天然裂缝和水力裂缝的相互作用严重影响了水力裂缝的扩展行为。其以胶结颗粒模型和合成岩体模型为基础，开发了一个天然裂缝性油藏水力压裂模拟器。

国内学者对全三维水力裂缝扩展模型的研究起步较早，但是发展速度非常缓慢，主要是因为全三维水力裂缝扩展是多个复杂问题的耦合，需要强大的数学、力学知识。刘蜀知和任书泉[33]考虑了水力裂缝在长、宽、高三个方向的延伸，以及分层地应力的影响，以断裂韧性作为止裂条件，建立了水力裂缝三维非对称延伸模型，并以差分法求其数值解。马新仿等[34]在全三维水力裂缝扩展模型中考虑温度的影响，建立了水力裂缝及近缝地层中温度分布的数学模型。陈勉[35]认为大多数水力裂缝在三维空间中是弯曲展布的，并建立了三维弯曲水力裂缝力学模型，再利用切比雪夫(Chebyshev)多项式简化了积分方程，计算了弯曲裂缝的宽度分布。Olson 和 Wu[36]指出大斜度井和水平井常导致复杂的、非平面的水力裂缝几何形态，因此建立了一种二维的数值模型，可以用于研究在不同地应力条件和不同压裂施工参数下，水力裂缝的非平面空间形态。Abass 等[37]采用实验研究了水平井射孔水力压裂产生的非平面裂缝，水力裂缝形态与井筒方位角有很明显的关系。Rungamornrat 等[38]采用边界元法，建立了三维非平面水力裂缝扩展数值模型。

Olson 和 Wu[36]将非牛顿流体流动方程、卡特滤失方程、高度增长耦合，求解了层状介质中三维水力裂缝扩展模型。在水平井分段压裂过程中，水力裂缝的几何形态依赖于裂缝间距与裂缝高度的比值。水力裂缝间应力干扰作用有利于提升水力裂缝的复杂性，在某些情况下是有利于储层改造的，但是应力干扰作用使得局部区域内水力裂缝的增长受到限制。Xu[39]将多级裂缝间应力干扰、幂律流体流动耦合求解，建立了一个拟三维水力裂缝扩展模拟器。

Stephen 等[40]假设水力裂缝内流体流动为幂律流体曲面流动，以 I 型断裂韧性作为判断裂缝扩展的准则，采用边界元方法模拟了多级非平面水力裂缝，并且研究了射孔、流体黏度、裂缝间应力干扰对多条水力裂缝空间形态的影响。

4.3.2 热-流-固耦合的数值模型构建

对于干热岩而言，温度对裂缝扩展有明显影响，在模型构建中为一个不可或缺的因素。基于高温对岩石力学性质和裂缝形态影响的实验研究，考虑温度对干热岩裂缝扩展涉及的流体、固体和热交换耦合作用，在平面应变条件下建立干热岩储层水力裂缝扩展模型。

1. 模型假设

为建立热-流-固场耦合的裂缝扩展模型，对模型条件作如下假设：
(1)地层为孔隙弹性体。
(2)考虑压裂中的热交换、对流和膨胀。
(3)注入流体和地层流体相同。
(4)地层流动采用达西定律描述。
(5)裂缝内流动简化为裂隙流。
(6)天然裂缝为渗流裂缝。
(7)水力裂缝采用线弹性断裂力学分析，准静态扩展。

2. 模块

因为裂缝扩展过程中存在流体流动、应力变化及热交换传递等物理变化，所以模型中应包含流体流动、固体力学、热力学与裂缝扩展四个模块。

1)流体流动模块

本模块中的流动包括三部分，分别是地层基质流体流动、人工裂缝和天然裂缝内流动以及流体从人工裂缝滤失到地层中的稳态达西流动。地层基质内连续流动方程如式(4.3.1)所示：

$$\frac{\partial}{\partial t}\left(\varepsilon_{p1}\rho\right) + \nabla\cdot\left(\rho u_1\right) = Q_{\mathrm{m}} \tag{4.3.1}$$

式中，ε_{p1} 为地层孔隙度，%；ρ 为流体密度，kg/m³；u_1 为基质流体速度，m/s；Q_{m} 为

地层流体流动的质量，$kg/(s \cdot m^3)$。

采用达西定律描述地层内流动：

$$u_1 = -\frac{k_1}{\mu} \nabla p \qquad (4.3.2)$$

式中，k_1 为地层的渗透率，$10^{-3} \mu m^2$；μ 为流体黏度，$mPa \cdot s$；∇p 为流体压差，MPa。

设定流体和地层基质都具有弱可压缩性，地层基质的可压缩性由孔隙度和压力控制，流体的压缩系数取决于密度和压力：

$$\chi_{p1} = -\frac{1}{1 - \varepsilon_{p1}} \frac{d\varepsilon_{p1}}{dp_1} \qquad (4.3.3)$$

$$\chi_f = \frac{1}{\rho} \frac{d\rho}{dp_1} \qquad (4.3.4)$$

式中，χ_{p1} 为地层基质压缩系数，Pa^{-1}；χ_f 为流体压缩系数，Pa^{-1}；p_1 为地层内孔隙压力，MPa。

孔隙弹性地层综合压缩系数表示如下：

$$\chi_s = \varepsilon_{p1} \chi_f + (1 - \varepsilon_{p1}) \chi_{p1} \qquad (4.3.5)$$

式中，χ_s 为孔隙弹性地层综合压缩系数，Pa^{-1}。

通过孔隙弹性地层综合压缩系数，将方程(4.3.1)左侧第一项表示为

$$\frac{\partial}{\partial t} (\varepsilon_{p1} \rho) = \rho \chi_s \frac{\partial p_1}{\partial t} \qquad (4.3.6)$$

由于人工裂缝缝长通常比缝宽大三个数量级，在压裂模拟中，可将裂缝内流动简化为通道流，忽略其在缝宽方向上的流动。由此裂缝内流动包括沿缝长方向的流动，以及垂直于裂缝壁面方向的滤失。

裂缝内流体流动的连续方程如下所示：

$$d_f \frac{\partial}{\partial t} (\varepsilon_{f_2} \rho) + \nabla_T \cdot (d_f \rho u_2) = d_f Q_{fm} \qquad (4.3.7)$$

$$u_2 = -\frac{k_2}{\mu} \nabla_T p, \quad k_2 = d_f^2 / 12 \qquad (4.3.8)$$

式中，ε_{f_2} 为裂缝孔隙度，%；u_2 为裂缝流体速度，m/s；Q_{fm} 为裂缝流体流动的质量来源，$kg/(s \cdot m^3)$；d_f 为裂缝宽度，m；k_2 为裂缝渗透率，$10^{-3} \mu m^2$；∇_T 为哈密顿算子。

在压差作用下，裂缝内流体沿裂缝壁面法向向地层滤失：

$$-\rho \frac{k_1}{\mu} (\boldsymbol{n}_f^+) \cdot \nabla p - \rho \frac{k_1}{\mu} (\boldsymbol{n}_f^-) \cdot \nabla p = -q_\Gamma \qquad (4.3.9)$$

式中，q_Γ 为从裂缝滤失到地层流体的流量，$kg/(s\cdot m^3)$；$\boldsymbol{n}_f^+$、$\boldsymbol{n}_f^-$ 为裂缝双侧壁面的法向向量。

综上所述，地层中的流体流动采用达西定律描述，缝内流动简化为通道流，忽略其在裂缝宽度上的流动，裂缝与地层之间的渗流发生在裂缝壁面法向方向上(图 4.3.3)。

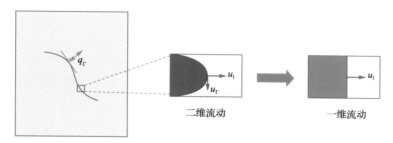

图 4.3.3 流动示意图

u_l-垂直壁面流速；u_Γ-平行壁面流速

2) 固体力学模块

模型中设定地层为孔隙弹性体，其本构方程如下所示：

$$\boldsymbol{S} = S_0 - \alpha_B p_1 \boldsymbol{I} + C : \boldsymbol{\varepsilon} \tag{4.3.10}$$

$$C = C(E, \nu) \tag{4.3.11}$$

式中，$\boldsymbol{S}$ 为应力张量；S_0 为初始应力；α_B 为 Biot 系数；p_1 为地层内孔隙压力；$\boldsymbol{I}$ 为单位张量；C 为弹性参数；$\boldsymbol{\varepsilon}$ 为应变张量；E 为弹性模量；ν 为泊松比。

连续介质假设下应变张量由位移表征：

$$\boldsymbol{\varepsilon} = \frac{1}{2}\left(\nabla u + \nabla^T u\right) \tag{4.3.12}$$

式中，u 为位移，m；∇u 为位移的右梯度；$\nabla^T u$ 为位移的左梯度。

饱和孔隙弹性岩石的准静态动量守恒方程如下：

$$0 = \nabla \cdot \left(S_0 - \alpha_B p_1 \boldsymbol{I}\right) + F_V \tag{4.3.13}$$

式中，F_V 为体力，N/m^2；$\nabla \cdot$ 为求解散度。

人工裂缝的缝宽取决于初始缝宽，以及缝内流体压力和基质应力作用下的变形：

$$d_f = d_{f0} - \left(u_f^+ \cdot \boldsymbol{n}_f^+ + u_f^- \cdot \boldsymbol{n}_f^-\right) \tag{4.3.14}$$

式中，d_{f0} 为裂缝初始宽度，m；$\boldsymbol{n}_f^-$ 和 $\boldsymbol{n}_f^+$ 为裂缝双侧壁面的法向向量；u_f^- 和 u_f^+ 为裂缝双侧壁面在法向方向上受的作用力。

3) 热力学模块

针对裂缝扩展的热部分，主要考虑干热岩基质的热传递和交换导致的流体相态变化，以及对裂缝内压力场的影响。

多孔基质内热交换和热膨胀可用式(4.3.15)表示，为降低计算难度，可对裂缝进行多孔等效处理，忽略边界层热效应。

$$\left(\rho C_p\right)_{\mathrm{Re}}\frac{\partial T}{\partial t} + \rho_{\mathrm{f}} C_{p,\mathrm{f}} u_{\mathrm{T1}}\cdot\nabla T + \nabla\cdot\left(-\lambda_{\mathrm{Re}}\nabla T\right) = Q_{\mathrm{T}} \tag{4.3.15}$$

$$\varepsilon_{\mathrm{th}} = \mathrm{d}L\left(T - T_{\mathrm{ref}}\right),\quad Q_{\mathrm{d}} = -T\frac{\partial\left(\boldsymbol{S}:\alpha_{\mathrm{B}}\right)}{\partial t} \tag{4.3.16}$$

式中，ρ 为密度，kg/m^3；C_p 为恒温下热容，J/(kg·K)；λ_{Re} 为流体有效热导率，W/(m·J)；$\left(\rho C_p\right)_{\mathrm{Re}}$ 为流体有效热容，J/(K·m^3)；u_{T1} 为流体热扩散速度，J/m^3；$C_{p,\mathrm{f}}$ 为流体裂缝热容耦合项，J/(kg·K)；Q_{T} 为热源项，J；T 为裂缝温度，K；T_{ref} 为流体温度，K；L 为裂缝长度，m；$\varepsilon_{\mathrm{th}}$ 为热膨胀应变，m；Q_{d} 为交换的热量，J；$\boldsymbol{S}$ 为应力张量。

沿裂缝发生热交换和热对流可用式(4.3.17)和式(4.3.18)表示：

$$-n\cdot q_{\mathrm{T}} = Q_{\mathrm{F}} - \left(\rho_{\mathrm{f}} C_{p,\mathrm{f}}\right)_{\mathrm{Re}}\frac{\partial T}{\partial t} - \rho_{\mathrm{f}} C_p u_{\mathrm{T2}}\cdot\nabla_t T - \nabla_t\cdot\lambda_{\mathrm{Re}}\nabla_t T \tag{4.3.17}$$

$$\left(\rho_{\mathrm{f}} C_{p,\mathrm{f}}\right)_{\mathrm{Re}} = \left(1 - \theta_{\mathrm{p}}\right)\rho_{\mathrm{f}} C_p + \theta_{\mathrm{p}}\rho_{\mathrm{p}} C_{p,\mathrm{p}},\quad \lambda_{\mathrm{Re}} = \left(1 - \theta_{\mathrm{p}}\right)\lambda_{\mathrm{f}} + \theta_{\mathrm{p}}\lambda_{\mathrm{p}} \tag{4.3.18}$$

式中，q_{T} 为热流密度，W/m^2；Q_{F} 为裂缝热源，J；$\left(\rho_{\mathrm{f}} C_{p,\mathrm{f}}\right)_{\mathrm{Re}}$ 为裂缝有效热容，J/(K·m^3)；u_{T2} 为裂缝热扩散速度，J/m^3；λ_{Re} 为裂缝有效热导率，W/(m·J)；θ_{p} 为基质孔隙度，%；λ_{f} 为裂缝热导率，W/(m·J)；λ_{p} 为流体热导率，W/(m·J)；∇_t 为梯度计算。

4）裂缝扩展模块

基于有限元模型(FEM)来构建人工裂缝扩展模型，允许人工裂缝沿着初始划分好的网格线进行扩展，如图4.3.4所示。首先建立人工裂缝几何模型，采用线单元构建人工裂缝，之后进行全局网格划分。由于该模型中人工裂缝扩展设定为沿着网格线进行扩展，在初始划分时需要充分考虑网格模型的精度和计算效率，一般采用细化的网格进行构建，保证人工裂缝扩展的自由度。之后基于 FEM 构建人工裂缝，计算流-固耦合应力场。在扩展模拟中，提取缝尖应力场数据，采用最小应变能密度准则判定人工裂缝扩展路径。

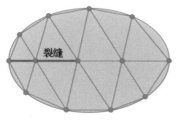
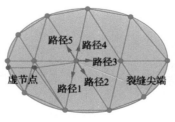
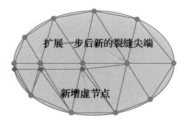

(a) 裂缝单线元　　　　　　(b) 离散裂缝模型　　　　(c) 裂缝扩展，增加虚节点

图4.3.4　裂缝扩展路径模型示意

中心点为压裂液注入点，忽略井筒具体几何形态，简化为点注液。过中心点有一条长度为 2m 的初始人工裂缝，其与远场水平最大主应力方向平行。由于难以准确知晓干热岩岩石内部的天然裂缝分布形态，本模型中采用坐标和形态随机分布的天然裂缝进行表征。设定天然裂缝初始状态是双壁连续的渗流裂缝，可被人工裂缝激活。

固定模型边界，输入基本参数并施加预应力，进行热-流-固耦合的干热岩压裂数值模拟计算，可得到压裂裂缝应力云图 (图 4.3.5) 和位移云图 (图 4.3.6)。依据模拟结果，可以分析水力裂缝与天然裂缝的相交行为，以及预判裂缝的穿透和转向区域。

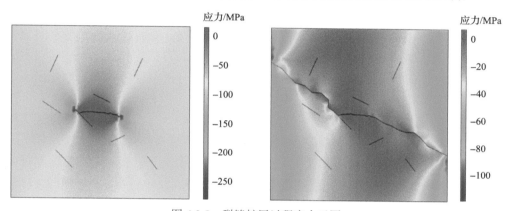

图 4.3.5 裂缝扩展过程应力云图

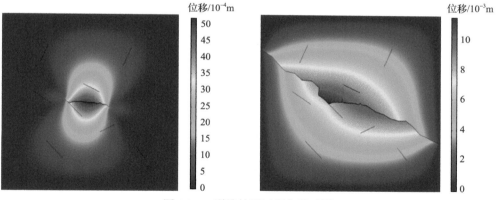

图 4.3.6 裂缝扩展过程位移云图

4.4 复杂裂缝形成机制

复杂裂缝系统是干热岩热能利用的必要条件，要压裂形成复杂裂缝系统，必须将地质与工程相结合。依据前述花岗岩基础物理特性、岩石力学特性、大型物理模拟实验结果以及裂缝扩展模拟结果，结合现场压裂先导性试验，认为干热岩复杂裂缝形成机制主要在于以下三方面。

(1) 干热岩岩体存在的弱面。岩石脆塑性是影响裂缝复杂性的基本特性之一，从前述采用岩心矿物组分法和围压下的岩石力学参数计算法综合确定的岩石脆塑性来看，干热岩在高温围压条件下表现为"硬而不脆"的特性，说明其不利于复杂裂缝的形成。大尺寸岩样物理模拟实验显示，基质型花岗岩压裂裂缝沿水平最大主应力方位扩展且形态单一。而岩体中含天然裂缝或岩脉，裂缝起裂与扩展过程中则表现出水力裂缝可以沟通天然裂缝或岩脉，并沿着天然裂缝或岩脉扩展或者首先开启天然裂缝或岩脉特征，从而使裂缝复杂化。这说明干热岩岩体存在的天然裂缝或岩脉等弱面是复杂裂缝形成的最基本要素。

(2) 水平两向主应力差。大型物理模拟实验结果表明，水平两向主应力差大小是决定水力裂缝能否转向、形成分支缝以增加裂缝复杂性的重要因素。若水平两向主应力差大于 6.0MPa，裂缝很难偏离水平最大主应力方位，而青海共和盆地水平两向主应力差在 10MPa 左右，因此，从水平两向主应力差的角度分析，青海共和盆地花岗岩不利于形成复杂裂缝。

(3) 温差效应。压裂过程中注入流体与高温岩体接触时有比较高的温度差，这种温度差会产生附加热应力，使岩体产生微裂隙，从而使裂缝复杂化。图 4.4.1 比较了不同温差对岩石破裂压力的影响，发现在高温岩体中注入低温压裂液，在主裂缝破裂前，注入曲线上表现出多个破裂点，且破裂压力由常温时的 23MPa 降低为 13MPa，降低了 10MPa。说明高温差产生的附加热应力促使岩体中产生了多个微小裂隙，这种温差效应可以用来提高裂缝复杂性。

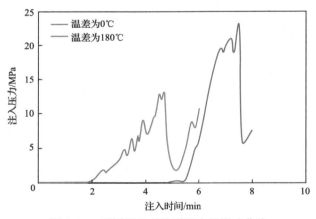

图 4.4.1　不同温差对破裂压力的影响曲线

图 4.2.11 注入超低温液氮(−172℃)后岩石破裂后较为破碎的情况也反映出高温差效应会使裂缝复杂化。

由青海共和盆地 XX 井进行的压裂先导性试验发现，在压裂前期以低排量注入清水时，产生了非常多的微地震事件(图 4.4.2)，这也表明注入的清水与高温岩体的热破裂产生了大量的微裂隙，为压裂中后期这些微裂隙扩展、形成复杂裂缝系统，奠定了基础。

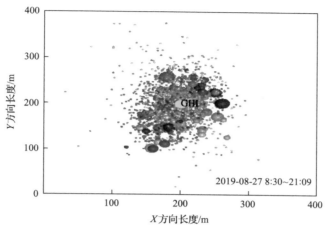

图 4.4.2 XX 井压裂初期低排量注入阶段的微地震监测结果

（4）注入排量。不同注入排量的物理模拟实验表明，注入排量是影响裂缝复杂性的重要因素，中低注入排量有利于沟通天然裂缝，高注入排量、低黏度有利于裂缝转向。因此，对于干热岩而言，要依据天然裂缝发育情况和水平两向主应力差异来优选施工注入排量，施工注入排量要因施工的不同阶段而变化，不应是一个恒定值，应当与压裂液黏度结合，视压裂阶段的不同而不断变化，多频次循环注入引起的岩石疲劳损伤可降低岩石强度，提高裂缝复杂性。

（5）压裂液黏度。依据前述的物理模拟实验结果，低黏度压裂液有利于沟通天然裂缝，压裂液黏度大于 30mPa·s 不利于形成复杂裂缝，却有利于扩展缝高。

上述研究表明，干热岩压裂是否能够形成复杂裂缝，受地质和工程双重因素影响。对于青海共和盆地花岗岩而言，岩石脆性和水平两向主应力差对于形成复杂裂缝是不利的，天然裂缝是影响复杂裂缝形成的关键地质因素。温差效应、施工注入排量、压裂流体黏度与注入方式等工程因素，都会影响复杂裂缝的形成。为此，干热岩要压裂形成复杂裂缝，必须将地质与工程相结合，首先要选择天然裂缝发育段作为压裂井段，其次要充分利用温差效应、优选压裂液黏度与施工注入排量组合以及优化交替或循环注入方式，兼顾考虑缝内暂堵等其他辅助方式，方可达到形成较复杂裂缝系统的目的。

参 考 文 献

[1] de Pater H, Weijers L, Savic M, et al. Experimental study of nonlinear effects in hydraulic fracture propagation. SPE Prod & Oper, 1994, 9(4): 239-246.

[2] 柳贡慧, 庞飞, 陈治喜. 水力压裂模拟实验中的相似准则. 石油大学学报(自然科学版), 2000, (5): 45-48, 65.

[3] Clifton R J, Wang J J. Modeling of poroelastic effects in hydraulic fracturing//SPE Low Permeability Reservoirs Symposium, Denver, 1991.

[4] Hubbert M K, Willis D G. Mechanics of hydraulic fracturing. Transactions of Society of Petroleum Engineers of AIME, 1957, 210: 153-168.

[5] Roussel N P, Florez H A, Rodriguez A A. Hydraulic fracture propagation from infill horizontal wells//SPE Annual Technical Conference, New Orleans, 2013.

[6] Kocabas I. An analytical model of temperature and stress fields during cold-water injection into an oil reservoir. SPE Production & Operations, 2006, 21(2): 282-292.

[7] Hossain M M, Rahman M K, Rahman S S. Hydraulic fracture initiation and propagation: Roles of wellbore trajectory, perforation and stress regimes. Journal of Petroleum Science & Engineering, 2000, 27(3-4): 129-149.

[8] Cipolla C L, Lolon E P, Dzubin B. Evaluating stimulation effectiveness in unconventional gas reservoirs//2009 SPE Annual Technical Conference, New Orleans, 2009.

[9] Wu R, Kresse O, Weng X, et al. Modeling of interaction of hydraulic fractures in complex fracture networks//SPE Hydraulic Fracturing Technology Conference, The Woodlands, 2012.

[10] Perkins T K, Kern L R. Widths of hydraulic fractures. Journal of Petroleum Technology, 1961, 13(9): 937-949.

[11] Nordren R P. Propagation of a vertical hydraulic fracture. SPE Journal, 1972, 12(8): 306-314.

[12]] Khristianovic S A, Zheltov Y P. Formation of vertical fractures by means of highly viscous liquid//World Petroleum Congress Proceedings, Rome, 1955: 579-586.

[13] Geertsma J, de Klerk F. A rapid method of predicting width and extent of hydraulically induced fractures. Journal of Petroleum Technology, 1969, 21(12): 571-581.

[14] Daneshy A A. Factors controlling the vertical growth of hydraulic fractures//SPE Hydraulic Fracturing Technology Conference, The Woodlands, 2009.

[15] Spence D A, Sharp P. Self-similar solutions for elastohydrodynamic cavity flow. Proceedings of the Royal Society of London. A. Mathematical and Physical Sciences, 1985, 400(18): 289-313.

[16] Settari A, Sullivan R B, Hansen C E. A new two-dimensional model for acid fracturing design//SPE Annual Technical Conference and Exhibition, New Orleans, 1998

[17] Zillur R, Holditch S A. Using a three-dimensional concept in a two-dimensional model to predict accurate hydraulic fracture dimensions//SPE Eastern Regional Meeting, Pittsburgh, 1993.

[18] Daneshy A A. Hydraulic fracture propagation in layered formations. Society of Petroleum Engineers Journal, 1978, 18(1): 33-41.

[19] 陈治喜, 陈勉, 黄荣樽, 等. 层状介质中水力裂缝的垂向扩展. 石油大学学报(自然科学版), 1997, 21(4): 23-26, 32.

[20] 赵海峰, 陈勉, 金衍. 水力裂缝在地层界面的扩展行为. 石油学报, 2009, 30(3): 450-459.

[21] 刘洋, 徐苗, 景岷雪, 等. 考虑分形效应下水力压裂裂缝拟三维延伸研究. 天然气勘探与开发, 2012, 35(4): 60-63.

[22] Zhang F, Damjanac B, Maxwell S. Investigating hydraulic fracturing complexity in naturally fractured rock masses using fully coupled multiscale numerical modeling. Rock Mechanics and Rock Engineering, 2019, 52(12): 5137-5160.

[23] Hamidi F, Mortazavi A. Three dimensional modeling of hydraulic fracturing process in oil reservoirs//The 46th U.S. Rock Mechanics/Geomechanics Symposium,Chicago, 2012.

[24] Vandamme L, Jeffrey R G, Curran J H. Pressure distribution in three-dimensional hydraulic fractures. SPE Journal, 1988, 3(2): 181-186

[25] Yamamoto K, Shimamoto T, Maezumi S. Development of a true 3D hydraulic fracturing simulator//SPE Asia Pacific Oil and Gas Conference and Exhibition, Jakarta, 1999.

[26] Nikolski D V,Mogilevskaya S G , Labuz J F. Three-dimensional boundary element modeling of fractures under gravity load//The 46th U.S. Rock Mechanics/Geomechanics Symposium, Chicago, 2012.

[27] Sheibani F, Olson J. Stress intensity factor determination for three-dimensional crack using the displacement discontinuity method with applications to hydraulic fracture height growth and non-planar propagation paths//ISRM International Conference for Effective and Sustainable Hydraulic Fracturing, Brisbane, 2013.

[28] Clifton R J,Wang J J. Adaptive optimal mesh generator for hydraulic fracturing modeling//The 32nd U.S. Symposium on Rock Mechanics(USRMS), Norman, 1991.

[29] Lee W S, Jantz E L. A three-dimensional hydraulic propagation theory coupled with two-dimensional proppant transport//SPE Annual Technical Conference and Exhibition, San Antonio, 1986.

[30] Lionel H R, Mukul M S. A new three-dimensional, compositional model for hydraulic fracturing with energized fluids//SPE Annual Technical Conference and Exhibition, San Antonio, 2012.

[31] Jammoul M, Wheeler M F. Modeling energized and foam fracturing using the phase field method//SPE/AAPG/SEG Unconventional Resources Technology Conference, Virtual, 2020.

[32] Damjanac B ,Torres M,Detournay C. Modeling the effect of a natural fracture network and its properties on multi-Stage stimulation//SPE/AAPG/SEG Unconventional Resources Technology Conference, Houston, 2021.

[33] 刘蜀知, 任书泉. 水力压裂裂缝三维延伸数学模型的建立与求解. 西南石油学院学报, 1993, (S1): 103-105.

[34] 马新仿, 张士诚, 王文军, 等. 水平缝压裂参数优化计算. 石油钻采工艺, 2005, (3): 61-62, 85.

[35]] 陈勉. 页岩气储层水力裂缝转向扩展机制. 中石油大学学报(自然科学版), 2013, 37(5): 88-94.

[36] Olson J E, Wu K. Sequential versus simultaneous multi-zone fracturing in horizontal wells: Insights from a non-planar, multi-frac numerical model//SPE Hydraulic Fracturing Technology Conference, The Woodlands, 2012.

[37] Abass H H, Hedayati S, Meadows D L. Nonplanar fracture propagation from a horizontal wellbore: Experimental study. SPE Production & Facilities, 1996, 11(3): 133-137.

[38] Rungamornrat J, Wheeler M F, Mear M E. A numerical technique for simulating non-planar evolution of hydraulic fractures// SPE Annual Technical Conference and Exhibition, Dallas, 2005.

[39] Xu G. Interaction of multiple non-planar hydraulic fractures in horizontal wells//International Petroleum Technology Conference, Beijing, 2013.

[40] Stephen T C, Mark E M, Rick H D, et al. Predictions of the growth of multiple interacting hydraulic fractures in three dimensions//SPE Annual Technical Conference and Exhibition, New Orleans, 2013.

第5章 干热岩热储裂缝导流机制

干热岩储层渗透率极低，热储温度普遍高于180℃，其地热能开发的关键是构建人工裂缝区域，使注入流体在裂缝中实现热交换，并提取热能。裂缝导流能力是衡量流体在裂缝中流动通行能力的重要参数，而裂缝导流机制是决定导流能力大小和能否长期保持的关键。本章介绍了花岗岩岩石压裂破坏特性、高温高压条件下不同压裂裂缝形态、不同支撑剂铺置浓度和循环流量下的短期与长期导流能力变化特性，结合循环换热开发方式，揭示了热储压裂裂缝的导流机制。

5.1 干热岩压裂岩石破坏特性

干热岩压裂岩石破坏特性在一定程度决定了提供裂缝导流通道的方式和主体，岩石的单轴压缩破坏形态多样，通过大量的试验研究及分析，将单轴压缩载荷作用下岩石的最终破坏形态归纳为五类：

(1)岩石的最终破坏形态主要以贯穿的单一断面的剪切滑移破坏出现，将试样劈裂成两个部分，试样的端部还有可能出现一个局部的圆锥面。

(2)沿着岩石的轴向出现很多的劈裂面，把整个试样分为几部分。

(3)岩石贯穿破坏时有两个互相连接的或平行的剪切面。

(4)试样顶端出现沿轴向的锥形破裂面，对应的底部出现拉张破坏。

(5)一些硬脆岩石还有可能出现岩片折断式破坏。

不同温度条件下花岗岩岩石的单轴压缩破坏形态如图 5.1.1 所示。从肉眼观察的角度来看，高温条件下花岗岩岩石的单轴压缩破坏形态多以近似平行于轴向的劈裂破坏为主，也反映了除上述其他多种破坏模式外，还出现了新的破坏模式。岩石作为一种复杂的非均匀、非连续材料，其宏观破坏形态非常复杂，所以最终的破坏形态大多是

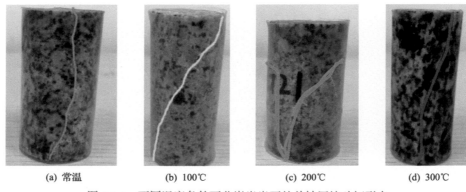

(a) 常温　　　　(b) 100℃　　　　(c) 200℃　　　　(d) 300℃

图 5.1.1 不同温度条件下花岗岩岩石的单轴压缩破坏形态

多种破坏模式综合作用的结果，而非仅仅是某一种单一因素造成的，兼有贯穿试样的剪切破坏模式、圆锥面剪切破坏引起的张拉破坏模式，以及由高温毁伤作用导致的粉碎破坏模式。在这些破坏模式下形成的张剪裂缝对于导流能力大小的贡献各不相同，共同维持裂缝的导流特性。

　　光学显微镜下岩体在不同温度下的破坏形态见图 5.1.2～图 5.1.5。光学放大后裂缝面的特征更为清晰，共同反映出裂缝面并不是一个光滑的平面。

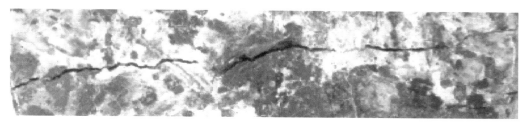

图 5.1.2　常温下岩石压缩破坏光学显微镜下裂缝形态

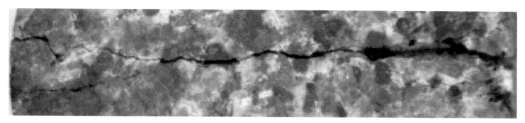

图 5.1.3　100℃条件下岩石压缩破坏光学显微镜下裂缝形态

图 5.1.4　200℃条件下岩石压缩破坏光学显微镜下裂缝形态

图 5.1.5　300℃条件下岩石压缩破坏光学显微镜下裂缝形态

　　按照岩石破坏判别模式 (图 5.1.6)，花岗岩岩石的破坏模式为张剪混合破坏，其中以剪切破坏为主。

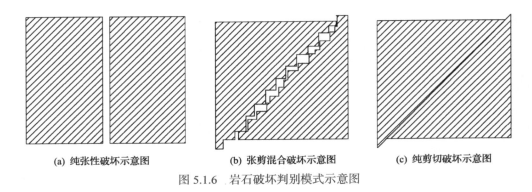

图 5.1.6　岩石破坏判别模式示意图

5.2　干热岩热储裂缝导流表征

干热岩的热能获取是通过水力压裂手段在干热岩注入井和生产井的高温岩体中形成相互连通的裂缝系统，再通过循环水来获得热储的热能。当水在裂缝内流动时，换热是关键，而换热效率取决于裂缝中通过流体的能力，即裂缝的导流能力[1]。因此，注入井和生产井之间的裂缝导流能力成为干热岩地热资源开采的关键因素之一。

常规油气裂缝导流能力定义为在储层地应力的作用下裂缝可以通过流体的能力，为裂缝渗透率 K_f 与裂缝缝宽 w 的乘积，常以 kW 表示。对于同一种岩石，岩石的渗透率相同，裂缝导流能力主要与裂缝缝宽有关，缝宽越大，裂缝导流能力越大。加入支撑剂后，裂缝导流能力则以裂缝中支撑剂的渗透率 K_f 与裂缝支撑缝宽 w_f 的乘积来表示。在干热岩热储的开发过程中压裂裂缝承担着换热和渗流的双重任务，且压裂过程中一般不加入支撑剂，其导流能力主要由压裂裂缝来提供，而不是由支撑剂来提供，其裂缝导流能力用 F_{HDR} 来表征，干热岩基岩渗透率极低，水力压裂裂缝的渗透性主要受裂缝的复杂性和连通性影响。因此，干热岩热储压裂裂缝的长期导流能力不仅取决于裂缝形态，还与换热过程中的注入流量大小、裂缝中的颗粒运移和注入流体的结垢等息息相关，其导流机制较常规油气更为复杂。需要研究表征张剪裂缝形态和循环注入条件下的导流能力变化特性，揭示其短期和长期导流机制，为注采井换热模拟提供基础。

目前，国内外学者主要针对硬度较低的页岩和碳酸盐岩的裂缝导流能力做了大量的研究。对于页岩裂缝，主要考虑的是支撑剂对裂缝导流能力的影响，因为页岩主要为层理结构，压裂后裂缝面平整光滑，闭合后较紧密，必须通过加砂使裂缝保持一定的开度。Much 和 Penny[2]通过实验研究得出了温度、压力、时间等因素对页岩加砂支撑裂缝导流能力的影响，并对每种因素的影响规律进行了分析；Barree 等[3]研究得出了支撑剂对不同材料裂缝导流能力的影响规律；Lacy 等[4,5]通过研究得出支撑剂的嵌入会使地层破碎，从而产生碎屑，堵塞导流通道，使裂缝流能力降低；赵亚东等[6]、朱海燕等[7]采用实验和数值模拟的方法分析了加砂支撑裂缝导流能力的影响因素和影响机理；王雷和王琦[8]、高新平等[9]通过实验研究了不同种类的支撑剂对页岩裂缝导流能力的影响规律。对于碳酸盐岩酸蚀裂缝,主要考虑的是裂缝形态对裂缝导流能力的影响,因为碳酸盐岩压裂后主要通过酸化刻蚀形成相互沟通的酸蚀裂缝。姚茂堂等[10]、赵立强等[11]对碳酸盐岩储层酸蚀裂缝的长期导流能力进行了实验研究;程秋菊等[12]、段明峰[13]、徐天源等[14]对不同裂缝形态的碳酸盐岩酸蚀裂缝的导流能力进行了实验研究,对于干热岩的导流特性和机制则未见研究报道。以下研究的是张性和剪切裂缝不填砂、填砂条件下的导流特性,未考虑注入流体水岩反应影响。

5.3 干热岩压裂裂缝导流特性

5.3.1 张性和剪切裂缝不填砂短期导流特性

前述岩石破裂特征显示,干热岩压裂岩石以张剪混合破坏为主,下面以花岗岩露头岩样制作岩心板进行张性和剪切裂缝导流能力测试分析。

1. 短期导流能力实验方法与装置

短期导流能力实验是在代表岩石的岩心板或钢板面铺置一定浓度的支撑剂后由小到大逐级加压,且在每一压力级别下测量通过压裂裂缝的流量与缝宽,从而得到裂缝的渗透率和裂缝导流能力,只需几个小时即可完成。为获得更为真实的裂缝导流能力,实验室一般采用岩心平板导流法加载不同闭合压力来测试裂缝导流能力大小变化。以下实验采用的是进行过裂缝起裂与扩展物理模拟实验的青海共和盆地花岗岩 300mm×300mm×300mm 岩样,沿着裂缝面进行取心,获得含有水力裂缝的试样,再加工成直径为 6cm、长度为 16cm 的岩心板(图 5.3.1),作为裂缝导流能力测试的平行板。

图 5.3.1 裂缝导流能力测试用岩心板

实验装置采用高温高压裂缝导流能力动态监测实验装置,包括依次连接的伺服增压系统、岩心夹持器和流量测量装置。岩心夹持器可插入四根加热棒,结合伺服增压系统可为岩石裂缝提供高温高压的环境,实验过程中,岩心始终保持在 250℃左右的环境里。岩心夹持器入口和出口处装有位移传感器和压力传感器,可以实时采集实验过程中裂缝缝宽的变化以及裂缝两端压力的变化,从而可以检测到裂缝导流能力的动态变化。

2. 实验方案

为测试张性和剪切裂缝导流能力随闭合压力与循环流量的变化，设计了不同剪切滑移量和不同的循环流量的实验方案，见表 5.3.1。

表 5.3.1　张剪裂缝自支撑导流能力实验方案

序号	裂缝形态	剪切滑移量/mm	循环流量/(mL/min)
1	张性裂缝	无	
2	剪切裂缝	5	5、10、15
3	剪切裂缝	10	

3. 实验结果

1) 张性裂缝导流能力

按照上述实验方法和条件测试得到的张性裂缝导流能力见图 5.3.2。由图 5.3.2 可以得到如下认识：

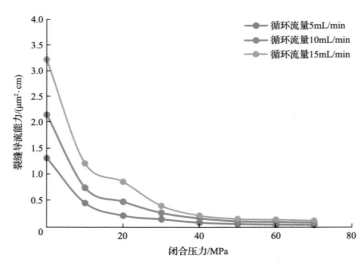

图 5.3.2　张性裂缝不填砂条件下裂缝导流能力曲线

（1）裂缝导流能力随闭合压力增加呈现三段式下降特征。闭合压力从 0MPa 增加到 10MPa，因裂缝面之间因没有支撑剂支撑，缝宽迅速减小，裂缝导流能力下降幅度最大（62%）；闭合压力从 10MPa 增加到 40MPa，循环流量对闭合压力的缓冲作用显现出来，裂缝导流能力下降幅度变缓；闭合压力超过 40MPa 裂缝导流能力基本稳定。

（2）循环流量对保持裂缝导流能力起正向作用。循环流量越高，裂缝导流能力越大，相当于循环注入的流体对裂缝有"软支撑"作用，有利于裂缝导流能力的保持。

（3）干热岩在实际换热过程中的流体流量远大于实验测试中的循环流量，其"软支撑"作用将会更显著，因此，干热岩张性裂缝的实际导流能力可能会更高。

2) 剪切裂缝导流能力

对于剪切裂缝而言, 考虑了裂缝剪切滑移 5mm 和 10mm 来测试分析其导流能力变化, 得到如图 5.3.3 和图 5.3.4 的结果。

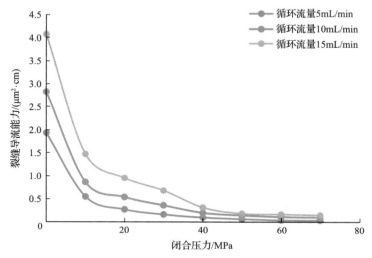

图 5.3.3　剪切裂缝不填砂条件下裂缝导流能力曲线(剪切滑移量为 5mm)

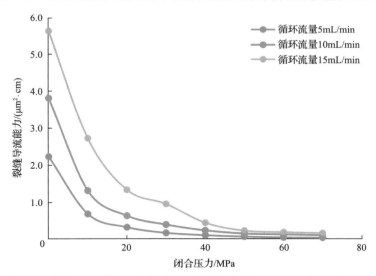

图 5.3.4　剪切裂缝不填砂条件下裂缝导流能力曲线(剪切滑移量为 10mm)

(1) 在相同闭合压力和循环流量下剪切裂缝导流能力大于张性裂缝, 其变化趋势与张性裂缝基本相同。

(2) 裂缝导流能力与剪切滑移量相关, 剪切滑移量越大, 裂缝导流能力越大, 且其在低闭合压力下提高的幅度越大。

(3) 裂缝导流能力随闭合压力增大也呈现三段式下降特征, 闭合压力从 0MPa 增加到 10MPa 裂缝导流能力下降幅度最大, 从 10MPa 增加到 40MPa 裂缝导流能力下降幅度变缓，闭合压力超过 40MPa 裂缝导流能力基本稳定。对于剪切滑移量为 5mm 的剪切裂缝，当循环流量为 15mL/min 时，裂缝最大导流能力为 4.07μm²·cm，在相同条件下剪切滑移量为 10mm 的剪切裂缝，其裂缝最大导流能力为 5.62μm²·cm，说明在低闭合压力下，由于两个不平整的裂缝面之间相互支撑，为流体提供了连通的流动通道，减小了流动阻力，从而增大了裂缝导流能力。

(4)循环流量同样对保持裂缝导流能力起正向作用。循环流量越高，裂缝导流能力越大。

5.3.2 张性和剪切裂缝填砂短期导流特性

1. 实验方法与方案

为探索干热岩张性和剪切裂缝中充填支撑剂后的导流能力，将 100 目或 200 目粉陶支撑剂均匀铺于裂缝面上，铺置浓度为 0.5kg/m² 或 1.0kg/m²，测试不同闭合压力和循环流量下的裂缝导流能力。实验装置仍然采用高温高压裂缝导流能力动态监测实验装置，实验方案见表 5.3.2。

表 5.3.2 张剪裂缝填砂支撑导流能力实验方案

序号	裂缝形态	支撑剂粒径/目	铺置浓度/(kg/m²)	循环流量/(mL/min)
1	张性裂缝	100 目粉陶	0.5	5、10、15
			1.0	
		200 目粉陶	0.5	
			1.0	
2	剪切裂缝	100 目粉陶	0.5	5、10、15
			1.0	
		200 目粉陶	0.5	
			1.0	

2. 实验结果

1)张性裂缝铺砂后导流能力变化

张性裂缝中以 0.5kg/m² 浓度铺置 100 目粉陶的导流能力测试曲线见图 5.3.5。由图 5.3.5 可以看出：

(1)张性裂缝中铺置粉陶后导流能力没有明显提升，铺砂前后导流能力提高率不超过 10%，这说明 0.5kg/m² 的铺置浓度不能够完全覆盖张性裂缝的支撑体，该铺置浓度对导流能力的影响有限。

(2)铺砂后其导流能力变化趋势与铺砂前基本一致，呈现三段式下降特征，随闭合压力的增大，下降速度并非线性的。

张性裂缝中以 1.0kg/m² 浓度铺置 100 目粉陶的导流能力测试曲线见图 5.3.6。由图 5.3.6 可以看出：

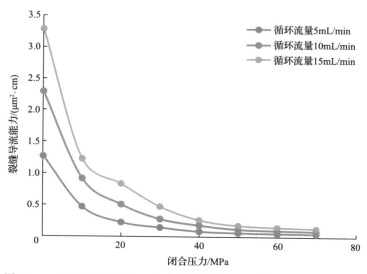

图 5.3.5　张性裂缝中以 0.5kg/m² 浓度铺置 100 目粉陶后导流能力曲线

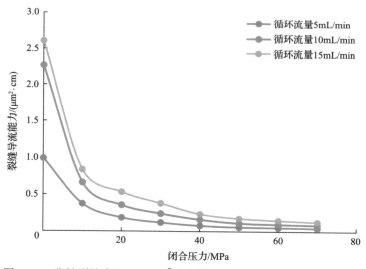

图 5.3.6　张性裂缝中以 1.0kg/m² 浓度铺置 100 目粉陶后导流能力曲线

(1)张性裂缝中铺置浓度提高后导流能力不仅没有提高，反而降低了。通过分析认为，100 目粉陶以浓度 1.0kg/m² 铺置在裂缝中，因循环流体的作用，粉陶堆积在一起后使流动通道变小，导流能力降低，因此，干热岩压裂铺置浓度的设计使用必须考虑循环注入换热的影响。

(2)导流能力变化趋势与铺砂前基本一致，呈现三段式下降特征，随闭合压力的增大，下降速度逐渐减小。

(3)循环流量对保持裂缝导流能力起正向作用，循环流量越高，裂缝导流能力越大。

张性裂缝中以 0.5kg/m²、1.0kg/m² 浓度铺置 200 目粉陶的导流能力测试曲线见图 5.3.7 和图 5.3.8。由图 5.3.7 和图 5.3.8 可知：

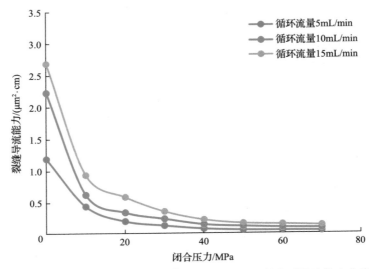

图 5.3.7 张性裂缝中以 0.5kg/m² 浓度铺置 200 目粉陶后导流能力曲线

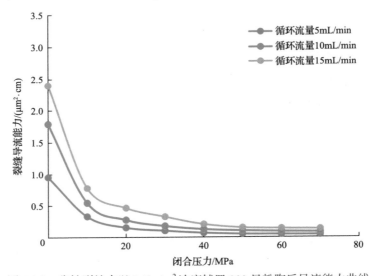

图 5.3.8 张性裂缝中以 1.0kg/m² 浓度铺置 200 目粉陶后导流能力曲线

(1)在相同铺置浓度下，200 目粉陶的裂缝导流能力整体小于 100 目粉陶，但降低的幅度不大，当干热岩热储压裂裂缝宽较小，而又需要加砂时，可以使用微小粒径支撑剂。

(2)200 目粉陶提高铺置浓度到 1.0kg/m² 并没有提高裂缝导流能力，反而降低了裂缝导流能力，这与 100 目粉陶铺置浓度 1.0kg/m² 导流能力的变化特征是一致的，这反映出干热岩填砂裂缝的导流特性与常规油气的差异性，说明干热岩压裂要优化支撑剂铺置浓度和支撑剂加入方式。

(3)循环流量对保持裂缝导流能力起正向作用。循环流量越高，裂缝导流能力越大。

2) 剪切裂缝铺砂后导流能力变化

剪切裂缝中以 0.5kg/m² 浓度铺置 100 目粉陶的导流能力测试曲线见图 5.3.9。由图 5.3.9

可知：

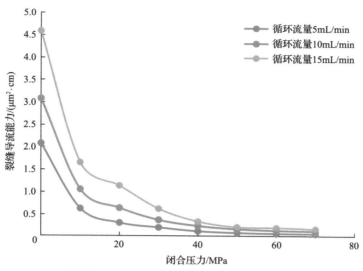

图 5.3.9　剪切裂缝中以 0.5kg/m² 浓度铺置 100 目粉陶后导流能力曲线

(1)剪切裂缝中铺砂后导流能力有一定程度的提升，与相同铺砂情况的张性裂缝相比，提高率最大可达 30%。

(2)导流能力变化趋势同样呈现三段式下降特征。

(3)循环流量对保持裂缝导流能力起正向作用，循环流量越高，裂缝导流能力越大。

图 5.3.10 为剪切裂缝中以 1.0kg/m² 浓度铺置 100 目粉陶的导流能力测试曲线，其曲线特征与张性裂缝相同铺砂浓度条件下完全一致，提高支撑剂铺置浓度不仅没有起到提升导流能力的效果，反而使其降低了。

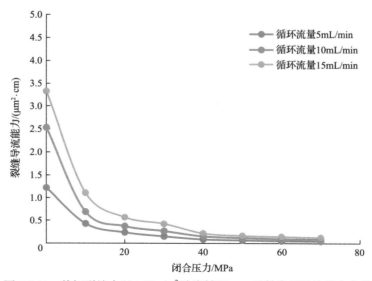

图 5.3.10　剪切裂缝中以 1.0kg/m² 浓度铺置 100 目粉陶后导流能力曲线

剪切裂缝中以 0.5kg/m² 和 1.0kg/m² 浓度铺置 200 目粉陶的导流能力测试曲线见图 5.3.11 和图 5.3.12。其导流能力的大小随铺置浓度和闭合压力的变化规律与前述类似，这里不再赘述。

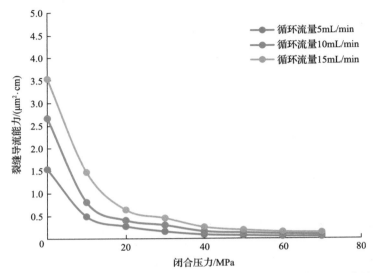

图 5.3.11　剪切裂缝中以 0.5kg/m² 浓度铺置 200 目粉陶后导流能力曲线

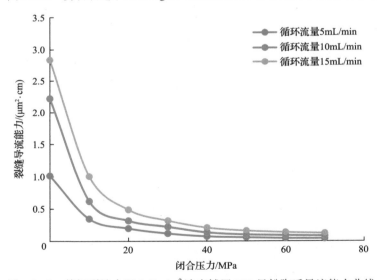

图 5.3.12　剪切裂缝中以 1.0kg/m² 浓度铺置 200 目粉陶后导流能力曲线

由采用岩心板模拟张剪裂缝自支撑剂和铺砂支撑及循环注入条件下的短期导流能力实验结果综合分析可以得到：

（1）花岗岩压裂形成的张性和剪切裂缝具有自支撑能力，可以保持一定的裂缝导流能力。

（2）张性和剪切中充填 100 目和 200 目粉陶支撑剂对提升导流能力的作用不显著，

铺置浓度不合理反而会降低裂缝导流能力，因此花岗岩压裂要谨慎优化支撑剂粒径、铺置浓度和加入方式。

(3)换热过程中的循环注入流体对裂缝有"软支撑"作用，将降低裂缝有效闭合压力，提升裂缝导流能力。

5.3.3　裂缝长期导流特性

前述实验研究的是裂缝短期导流能力，为进一步分析评价张性裂缝和剪切裂缝填砂与不填砂条件下的长期导流能力，模拟循环流量为 15mL/min，在 30～70MPa 的闭合压力下测试分析了其导流能力变化。测试流程见图 5.3.13。

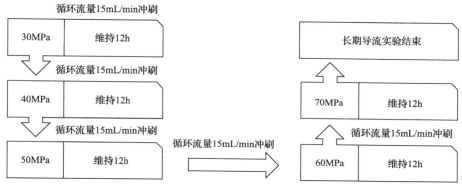

图 5.3.13　裂缝长期导流能力测试实验流程

1. 张性裂缝长期导流能力

从图 5.3.14 所示的张性裂缝不填砂条件下的长期导流能力曲线可以看出，随裂缝

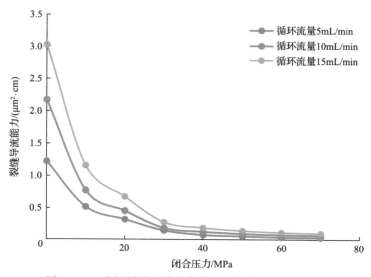

图 5.3.14　张性裂缝不填砂条件下的长期导流能力曲线

闭合压力增大，裂缝导流能力逐渐降低。当闭合压力为 30～40MPa 时，张性裂缝的裂缝面支撑体发生了少量破坏，导流能力下降明显。当循环流量较低导致裂缝面闭合更紧密时，支撑体破坏的影响不显著，导流能力趋于一致。高循环流量下，随着闭合压力的增加，导流能力逐步和短期导流能力接近，但是发现下降幅度会有所缩小，说明张性裂缝在长时间流体冲刷下，会对支撑体产生小部分破坏，降低导流能力。

2. 剪切裂缝长期导流能力

图 5.3.15 为剪切裂缝滑移 5mm 的长期导流能力测试曲线。在闭合压力为 30～40MPa 时，剪切裂缝的导流能力发生了下降，说明在 30～40MPa 的闭合压力区间，由于剪切裂缝的裂缝面嵌合度不高，在该闭合压力区间，剪切裂缝的裂缝面支撑体发生了破坏，导致裂缝内的流动通道变窄。剪切裂缝在长时间流体冲刷下，支撑体也产生小部分的破坏，使得长期导流能力约小于短期导流能力，但是由于干热岩储层岩石较坚硬，抵抗水流冲刷的能力较强，长期导流能力较稳定。

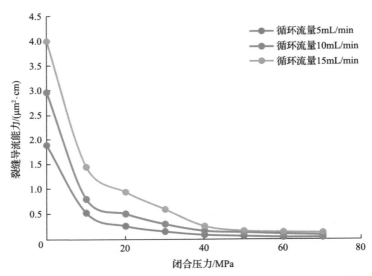

图 5.3.15　剪切裂缝不填砂条件下长期导流能力曲线(剪切裂缝滑移量为 5mm)

剪切裂缝滑移 10mm 的裂缝长期导流能力测试曲线见图 5.3.16，其导流能力变化特征与前述类似，这里不再赘述。

3. 填砂裂缝长期导流能力

图 5.3.17 为 100 目粉陶作为支撑剂时张性裂缝的长期导流能力测试曲线。可以看出，在低闭合压力下，长期导流能力的下降率波动较大，加砂支撑裂缝受到水流长期冲刷的影响较明显，主要原因是支撑剂在冲刷下移动堆积，造成低闭合压力下导流能力能下降超过 50%。

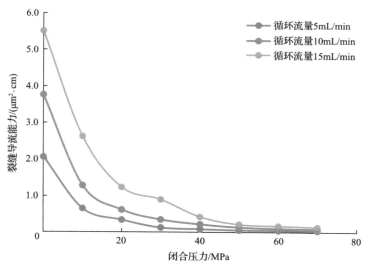

图 5.3.16　剪切裂缝不填砂条件下长期导流能力曲线（剪切裂缝滑移量为 10mm）

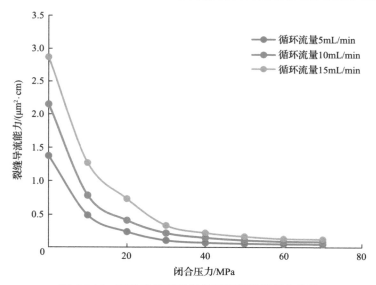

图 5.3.17　张性裂缝填砂条件下长期导流能力曲线

5.3.4　花岗岩裂缝导流机制

综合分析花岗岩岩石压裂破裂特征、不同裂缝形态、不同支撑剂粒径、铺置浓度和不同闭合压力下的短期及长期导流能力测试结果，认为花岗岩裂缝导流机制如下：

（1）花岗岩压裂以张性和剪切混合破坏为主，裂缝面并不是一个光滑的平面，破坏模式受温度影响小。

（2）张性和剪切裂缝的自支撑、支撑剂的硬支撑和循环注入流体"软支撑"可共同提供导流能力。

（3）裂缝导流能力随闭合压力增加呈现三段式下降特征，压裂过程中要增加裂缝的复杂性和连通性,以减缓裂缝导流能力的下降。

(4)因干热岩压裂裂缝缝宽小,且后期循环换热过程中换热流体将会导致支撑剂堆积堵塞降低裂缝导流能力,花岗岩压裂要谨慎选用支撑剂粒径与铺置浓度。

(5)要加强循环换热过程中颗粒运移、结垢等机理研究,避免其对裂缝长期导流能力的影响。

5.4 裂缝导流能力数值模拟

裂缝导流能力的变化规律是干热岩循环换热温度和流量预测的关键参数之一,为准确模拟裂缝导流能力的变化,需要建立数值模型来预测不同闭合压力下的连续变化特征。针对干热岩储层改造后形成增强型地热系统的裂缝导流能力数值模拟,国内外学者开展了热-流-固(thermos-hydro-mechanical,T-H-M)三场耦合的相关研究。然而大部分数值模拟研究基于热平衡理论,忽略了热储层中岩体与流体间的热交换。本部分以裂缝导流能力为评价指标,基于局部热非平衡理论,将储层视为由基质岩体与离散裂缝组成的双重介质模型,建立流-固-热三场耦合模型模拟采热过程中流体流动、热量传递、岩体变形的相互作用,借助有限元软件 COMSOL Multiphysics 实现所建立模型的全耦合求解,预测的张剪裂缝的导流能力随闭合压力的变化规律与测试结果非常吻合,可以作为评价裂缝导流能力递减特征的一种手段。

5.4.1 热-流-固耦合模型数学模型建立

1. 模型假设条件

假设含裂缝网络干热岩储层为由基质岩块与离散裂缝构成的双重介质模型,改造后形成的裂缝网络与基质相比渗透率较高,因此构成了携热流体的主要流动通道,基质和裂缝中的渗流规律符合达西定律;流体和岩石间不发生化学反应;导热符合傅里叶定律,不考虑热辐射的影响;储层压力高,不存在相变为单相液体流动,基于小变形理论认为基岩为热弹性。

2. 控制方程

根据以上假设,基于局部热非平衡理论,含裂缝网络干热岩开发过程中 THM 耦合数学模型控制方程有质量守恒方程、能量守恒方程和应力平衡方程。

1)质量守恒方程

岩体内质量守恒方程为

$$\rho S \frac{\partial p}{\partial t} + \nabla(\rho \upsilon) = Q_{\mathrm{m}} \tag{5.4.1}$$

其中

$$v = -\frac{k}{\mu}\nabla p \qquad (5.4.2)$$

式中，ρ 为岩体密度，kg/m³；S 为岩体的储水系数，Pa⁻¹；t 为时间，年；Q_m 为渗流源汇项，kg/(m³·s)；v 为岩块中水流速，m/s；k 为岩体渗透率，m²；μ 为流体动力黏度，Pa·s；p 为压力，Pa。

裂缝内质量守恒方程为

$$d_f\rho_f S_f \frac{\partial p}{\partial t} + \nabla_\tau(d_f\rho_f v_f) = Q_f \qquad (5.4.3)$$

其中

$$v_f = -\frac{K_f}{\mu}\nabla_\tau p \qquad (5.4.4)$$

式中，d_f 为裂缝宽度，m；ρ_f 为裂缝密度，kg/m³；S_f 为裂缝储水系数，Pa⁻¹；Q_f 为岩块与裂隙面的流量交换；K_f 为裂缝渗透率，m²；∇_τ 沿裂缝切向梯度。

2）能量守恒方程

对于增强型地热系统中流体的换热，工作流体与固体骨架间的温差不容忽视，因此局部热平衡模型将导致较大的计算误差。采用两个不同的能量方程分别对流体和固体骨架中的热量传递进行描述实现非平衡传热，从而更加真实准确地模拟基质岩体与裂缝内流体的能量传递过程。

流体能量守恒方程为

$$\varepsilon\rho_f C_f \frac{\partial T_f}{\partial t} + \rho_f C_f v \cdot \nabla T_f = \varepsilon\lambda_f\nabla^2 T_f + h_{sf}\alpha_{sf}(T_s - T_f) \qquad (5.4.5)$$

固体骨架能量守恒方程为

$$(1-\varepsilon)\rho_s C_s \frac{\partial T_s}{\partial t} = (1-\varepsilon)\lambda_s\nabla^2 T_s - h_{sf}\alpha_{sf}(T_s - T_f) \qquad (5.4.6)$$

式中，C 为比热容，J/(kg·K)；下标 s、f 分别对应岩石和流体；λ 为导热系数，W/(m·K)；h_{sf} 为固体骨架与液体间换热系数，W/(m²·K)；α_{sf} 为两相界面的比表面积，m²/g；T_s 为岩石骨架温度，K；T_f 为流体温度，K；ε 为岩石孔隙率。

裂缝内热传导与热对流能量平衡方程为

$$d_f(\rho C)_{\text{eff}} \frac{\partial T_f}{\partial t} + d_f\rho_f C_f v \cdot \nabla_\tau T_f = Q_f + \nabla_\tau(d_f\lambda_{\text{eff}}\nabla_\tau T_f) \qquad (5.4.7)$$

其中

$$(\rho C)_{\text{eff}} = \rho_{\text{f}} C_{\text{f}} (1 - \phi) + \rho_{\text{f}} C_{\text{f}} \phi \qquad (5.4.8)$$

$$K_{\text{eff}} = \lambda_{\text{f}} (1 - \phi) + \lambda_{\text{fr}} \phi \qquad (5.4.9)$$

式中，$(\rho C)_{\text{eff}}$ 为有效比热容，J/(kg·K)；K_{eff} 为有效热传导系数，W/(m·K)；υ 为岩块中水流速，m/s，流体遵从达西定律；λ_{fr} 为裂缝导热系数，W/(m·K)；C_{f} 为裂缝比热容，J/(kg·K)；ϕ 为孔隙度。

3）应力平衡方程

$$G u_{i,jj} + \frac{G}{1-2\nu} u_{j,ji} - \alpha_{\text{B}} P_i - K' \alpha_T T_i + F_i = 0 \qquad (5.4.10)$$

其中

$$G = \frac{E}{2(1+\nu)} \qquad (5.4.11)$$

式中，$u_{i,jj}$、$u_{j,ji}$ 为不同方向上的位移，m；G 为剪切模量，Pa；ν 为泊松比；E 为弹性模量，Pa；F_i 为 i（二维坐标下 i 指 x、y）方向每单位体积体力，Pa；$-\alpha_{\text{B}} P_i$ 为水压力作用项（孔隙压力作用下的渗透力）；α_{B} 为 Biot 系数；$-K'\alpha_T T_i$ 为热应力项；α_T 为岩体热膨胀系数，K^{-1}；K' 为多孔介质体积弹性模量，$K'=E/[3(1-2\nu)]$。

裂隙近似由一对法向和切向位移表面构成，岩体裂隙变形方程为

$$u_{\text{n}} = \sigma'_{\text{n}} / K_{\text{n}}, \quad u_{\text{s}} = \sigma'_{\text{s}} / K_{\text{s}} \qquad (5.4.12)$$

$$\sigma'_{\text{n}} = \sigma_{\text{n}} - \alpha_{\text{B}} p, \quad \sigma'_{\text{s}} = \sigma_{\text{s}} \qquad (5.4.13)$$

式中，u 为位移，m；σ 为总应力，Pa；σ' 为有效应力，Pa；K 为刚度，Pa/m；下标 n、s 分别指示裂隙面法向和切向。

3. 热-流-固耦合相互作用关系

（1）渗流场对温度场的影响：裂缝内冷流体与高温岩体进行热交换，岩体中原有平衡状态的温度场发生改变。

（2）温度场对渗流场的影响：高温高压岩体内，裂隙内水渗流物理特性（如密度、黏度等）不再是常数，随温度变化而变化，从而影响岩体内流体流动。

（3）温度场对应力场的影响：岩体温度的改变影响岩体固有的物理力学性质，同时温度效应产生的热应力会导致原有应力场分布发生改变。

（4）应力场对温度场的影响：应力场变化引起岩体结构改变时会产生热量，同时岩体的结构变形会影响孔隙内部的导热性能。

（5）渗流场对应力场的影响：孔隙压力的存在影响岩石有效应力。

（6）应力场对渗流场的影响：应力场变化导致了孔隙和裂隙变化，进而改变了岩体

与裂缝的渗透性能。

因为裂缝的渗透率相比岩石基质的渗透率极低，所以忽略基质渗透率的变化。裂缝渗透率的变化描述为

$$k_f = k_0 \exp(-\alpha \sigma_n') \tag{5.4.14}$$

式中，k_f 为裂缝渗透率，m^2；k_0 为裂缝渗透率初始值（不承受有效应力时），m^2；σ_n' 为裂缝断裂面所受的有效应力，Pa；α 为与裂缝受力变形相关的归一化常数。

5.4.2　热-流-固耦合模型的求解

应用有限元软件 COMSOL Multiphysics 可将各物理场联立求解，实现耦合分析中各物理场的全面耦合，从而反映真实的模拟过程。采用有限元方法对裂缝网络的模拟通常使用具有一定厚度的单元层刻画裂缝，但当裂缝网络规模较大时，往往受限于计算能力而无法求解；将二维离散裂缝网络设置为线单元，并借助软件中内置的裂隙模块进行求解。

利用上述建立的模型，采用表 5.4.1 所示的模拟参数，计算得到的张性裂缝和剪切裂缝导流能力随闭合压力变化曲线见图 5.4.1 和图 5.4.2，可见，其预测结果与实测结果符合度较高，该模型可用作换热过程中导流变化预测的基础模型。

表 5.4.1　模拟参数取值

模拟参数	值
花岗岩渗透率/$10^{-3}\mu m^2$	0.4
花岗岩孔隙度/%	4.0
流体黏度/(mPa·s)	0.1
围压/MPa	40
花岗岩初始温度/K	473
注入水密度/(g/cm³)	1
花岗岩密度/(g/cm³)	2.6
流体热扩散系数/[W/(m·K)]	1
岩石热扩散系数/[W/(m·K)]	2.68
流体比热容/[J/(kg·K)]	4180
岩石比热容/[J/(kg·K)]	700
泊松比	0.2
岩石热膨胀系数/K⁻¹	1×10^{-6}
水的初始温度/K	323
出口压力/MPa	0.1

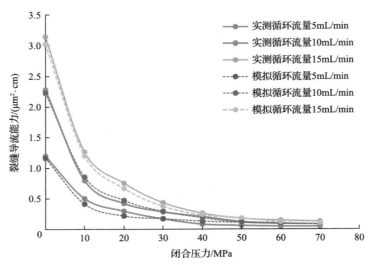

图 5.4.1　张性裂缝导流能力预测与实测结果比较曲线

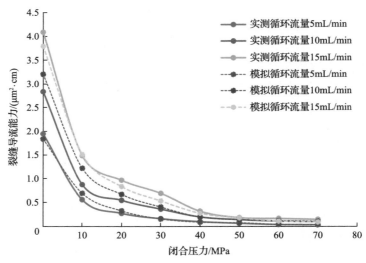

图 5.4.2　剪切裂缝导流能力预测与实测结果比较曲线

参 考 文 献

[1] 周舟, 金衍, 卢运虎, 等. 干热岩地热储层钻井和水力压裂工程技术难题和攻关建议. 中国科学: 物理学力学天文学, 2018, 48(12): 97-102.

[2] Much M G, Penny G S. Long-term performance of proppants under simulated reservoir conditions//SPE/DOE Joint Symposium on Low Permeability Reservoirs, Denver, 1987.

[3] Barree R D, Cox S A, Barree V L, et al. Realistic assessment of proppant pack conductivity for material selection//SPE Annual Technical Conference and Exhibition, Denver, 2003.

[4] Lacy L L, Rickards A R, Ali S A. Embedment and fracture conductivity in soft formations associated with HEC, borate and water-based fracture designs//SPE Annual Technical Conference and Exhibition, San Antonio, 1997.

[5] Lacy L L, Rickards A R, Bilden D M. Fracture width and embedment testing in soft reservoir sandstone. SPE Drilling &

Completion, 1998, 13(1): 25-29.

[6] 赵亚东, 张遂安, 肖凤朝, 等. 不同类型储层支撑裂缝长期导流能力实验研究. 科学技术与工程, 2017, 17(11): 192-197.

[7] 朱海燕, 沈佳栋, 周汉国. 支撑裂缝导流能力的数值模拟. 石油学报, 2018, 39(12): 1410-1420.

[8] 王雷, 王琦. 页岩气储层水力压裂复杂裂缝导流能力实验研究. 西安石油大学学报(自然科学版), 2017, 32(3): 73-77.

[9] 高新平, 彭钧亮, 彭欢, 等. 页岩气压裂用石英砂替代陶粒导流实验研究. 钻采工艺, 2018, 41(5): 35-37, 41, 9.

[10] 姚茂堂, 牟建业, 李栋, 等. 高温高压碳酸盐岩地层酸蚀裂缝长期导流能力实验研究. 科学技术与工程, 2015, 15(2): 193-195.

[11] 赵立强, 高俞佳, 袁学芳, 等. 高温碳酸盐岩储层酸蚀裂缝导流能力研究. 油气藏评价与开发, 2017, 7(1): 20-26.

[12] 程秋菊, 冯文光, 周瑞立. 酸蚀裂缝导流能力实验研究. 石油化工应用, 2011, 30(12): 83-87.

[13] 段明峰. 碳酸盐岩酸蚀裂缝导流能力试验研究. 天然气勘探与开发, 2013, 36(1): 61-63, 74, 87.

[14] 徐天源, 冉田诗璐, 赵梓寒. 多层碳酸盐岩气藏酸压裂缝参数优化. 新疆石油天然气, 2017, 13(1): 4, 5, 63-67.

第6章 体积改造工艺技术

因花岗岩热储层的岩性、物性、微裂隙发育特征、脆塑性、地应力、裂缝起裂与扩展规律、裂缝导流机制等与常规砂岩油气、页岩油气的差异性以及热能利用方式对压裂裂缝要求的特殊性，其体积改造工艺技术不同于传统油气。本章介绍了花岗岩体积压裂工艺技术和化学刺激技术。

6.1 体积改造工艺方法

6.1.1 干热岩改造的特殊性

干热岩压裂形成的人工裂缝网络系统主要用来换取地层的热能，而不是用来生产油气，因此，其压裂改造有其特殊性，具体如下所述。

(1)巨大的换热体积。研究认为，若利用干热岩热能来发电，其压裂改造后裂缝网络体积应达到数千万立方米甚至上亿立方米级别，以获得换热后采出流体的高温高流量。如此巨大的换热体积，需超大规模的液量改造方可达到。

(2)压裂形成复杂裂缝。干热岩压裂后注水循环换热采出的流体不仅要求较高的流量，更要求产出流体要具有较高且稳定的温度，这就说明压裂改造后地层中不能形成单一主裂缝，而要形成复杂裂缝网络，以免注入流体沿单一主裂缝通道突进，换热不充分而大大降低产出流体温度，严重影响换热效率。

(3)裂缝须相互连通。为保持采出井稳定的流体流量和降低注入井的注入压力，不仅要求改造形成复杂裂缝，而且复杂裂缝之间要相互连通，流体流动阻力要小，无短路现象。

(4)要控制压裂裂缝方位。干热岩井一般处于断裂附近，压裂过程中要严格监测并控制压裂裂缝走向，避免压裂裂缝与断裂沟通，造成后期循环注水换热过程中严重的流量损失。

(5)预防诱发强微震。因干热岩井热储的致密性、高温及其所处位置的不稳定性，压裂过程要预防能量集聚和达到断裂走滑的临界应力状态，从而诱发强度较高的地震，影响施工安全。

(6)低成本。因干热岩热能利用收益低，投资回收期长，体积压裂工艺技术要考虑低成本投入。

6.1.2 干热岩改造工艺方法

干热岩资源的特殊性和对压裂网络系统的要求决定了其压裂改造工艺必须有别于

传统油气资源，必须地质、工程深度融合。

1. 压裂井段选择

前述大型物理模拟实验研究表明，干热岩中要压裂形成复杂裂缝，岩体中的天然裂缝和弱面是最关键的地质因素，为此，首选干热岩井中的天然裂缝发育段作为压裂井段。

2. 压裂改造工艺思路

以热储层的地质条件为基础，以干热岩开发利用对压裂裂缝网络系统的要求为目标，充分利用工程技术手段，在高温硬地层中形成复杂缝网和巨大换热体积，其主体思路如下：

(1)温差效应形成微裂隙。利用高温岩体与注入流体的温差效应产生的热损伤在岩体中形成微裂隙，再利用注入流体黏度和排量的变化扩展微裂隙系统。

(2)高频次、变排量循环注入使岩石产生疲劳损伤，降低岩石强度，从而降低施工压力。

(3)高黏液段塞扩展缝高。要获得巨大的改造体积，不仅需要横向上复杂的裂缝系统和带宽，纵向上也需达到足够的改造高度。高温岩体井段长数百米至上千米，用清水或低黏滑溜水在低排量下难以获得缝高上的充分扩展，压裂过程中采用高黏滑溜水段塞或分层压裂工艺是扩展缝高的有效手段。

(4)大规模液量扩展裂缝系统。液量和排量是扩展裂缝系统的主要手段。但基于不能压裂形成优势主裂缝，排量的作用明显受控，依靠大规模液量来扩展裂缝系统就成为必然措施。

(5)缝内暂堵。干热岩埋藏深，水平两向主应力高，在不允许大排量施工的条件下，缝内净压力低，很难克服水平两向主应力差迫使裂缝转向，在具备压力窗口的条件下进行缝内暂堵，进一步提升裂缝复杂性。

(6)化学刺激。为进一步提高复杂裂缝系统的渗透性，在压裂改造后采用化学刺激剂溶蚀部分岩石矿物，提升裂缝的连通性，从而增加整个裂缝系统的渗透性。

3. 主体改造工艺技术

综合前述研究结果，干热岩体积改造主体工艺技术为低黏液低排量造微缝+高黏液段塞增缝高+低黏液变排量大规模循环注入扩体积+缝内暂堵促复杂+化学刺激降阻力，具体如下：

(1)在压裂初期阶段，低排量注入清水(或滑溜水)或 CO_2 和液氮，利用温差效应的热损伤形成大量微裂隙。

(2)在裂缝系统扩展过程中注入高黏液段塞扩展裂缝宽度和高度，同时减少因岩石塑性强与缝宽窄带来的施工压力不断爬升，确保施工持续安全进行。

(3) 高频次变排量大规模注入清水(或滑溜水)扩展天然裂缝和微裂隙。采用短周期变换施工排量,且用施工排量从低到高再从高到低的循环注入方式泵注流体,在地层中大幅度扩展微裂隙形成微裂缝系统,提高改造体积。

(4) 缝内暂堵。在压裂过程中使用颗粒暂堵剂进行多次缝内暂堵,使裂缝转向,提升裂缝复杂性。

(5) 非均匀注液单元间歇式施工。为防止连续大规模注入大幅度改变地层应力状态,诱发断裂走滑,引起强度较高的强微震,将设计注入总液量划分为多个注入单元,每个单元的液量均不一样,施工完一个单元液量后停泵释放压力后再进行下一单元的施工。

(6) 有机缓速酸酸化。在每一个注液单元施工结束后再注入有机缓速酸,溶蚀裂隙通道内的部分矿物、垢类和堵塞物。

通过上述工艺技术,在地层中形成所要求的巨大裂缝体积,同时降低诱发地震的风险。

6.2 压裂施工参数优化方法

压裂施工参数与压裂施工工艺息息相关,一般在压裂施工工艺确定的条件进行施工参数优化。施工排量、液体黏度、用液规模等施工参数是干热岩实现体积改造的关键,其优化主要采用裂缝模拟来进行。

6.2.1 花岗岩破裂压力计算方法

花岗岩岩体温度高,压裂液从地面注入井底进入岩体中时与岩体存在较大的温差,这种温差将使岩石发生热损伤,从而产生热破裂,形成微裂缝,降低裂缝破裂压力。由前述图 4.4.1 可知,高温岩石注入低温清水的高温差产生的附加热应力为负,致使破裂压力降低。

因此,对于高温花岗岩的破裂压力计算,应考虑附加热应力的影响,可将黄荣樽教授提出的破裂压力计算公式修正为

$$p_f = 3\sigma_h - \sigma_H + S_t - \Delta\sigma_T \tag{6.2.1}$$

$$\Delta\sigma_T = \left[\frac{E\beta}{2000(1-\nu)}e^{-\frac{k\pi DL}{GC}}\right]\Delta T_0 \tag{6.2.2}$$

式中,p_f 为破裂压力,Pa;σ_h 为最小水平主应力,Pa;σ_H 为最大水平主应力,Pa;S_t 为岩石抗拉强度,Pa;$\Delta\sigma_T$ 为附加热应力,Pa;E 为杨氏模量,Pa;β 为岩石热膨胀系数,K^{-1};ν 为泊松比;k 为流体管道的传热系数,W/(m²·K);D 为管路内径,m;L 为流体管道的长度,m;G 为质量流速,kg/s;C 为注入流体的比热容,J/(kg·K);ΔT_0 为地层岩石温度与注入流体初始温度之差,K。

利用考虑附加热应力的破裂压力计算公式计算青海共和盆地X1井4000m深度下的花岗岩基质井底破裂压力梯度为 0.025MPa/m，裂缝发育段井底破裂压力梯度为 0.023MPa/m。

6.2.2　施工排量优化方法

施工排量是干热岩压裂改造最关键的参数，它直接影响能否压裂形成更多的微裂缝、沟通天然裂缝、提高纵向改造程度和裂缝连通性等。其优化不仅要考虑温差效应的热损伤和岩石的疲劳损伤，还要考虑完井管柱的抗压强度、施工限压和流体的摩阻等综合因素。干热岩主要有裸眼完井、套管完井或筛管完井等方式，井眼尺寸有 5.5in、4.5in 等。压裂注入方式可依据管柱限压采用套管注入或油管注入等方式。基质段和裂缝发育段的破裂压力不同，施工排量优化时需分别计算。下面以 5.5in 套管为例说明施工排量的优化方法。

1. 施工限压下的排量

压裂目的层井深 4000m，滑溜水降阻率 70%，套管注入条件下天然裂缝发育段和基质段在不同施工排量下的井口压力预测结果（表 6.2.1）显示，在井口限压 80MPa 下，基质段清水压裂最大排量可达到 3.0m³/min，滑溜水施工排量可达 4.0m³/min 以上。天然裂缝发育段清水和滑溜水压裂最大排量均可达到 4.0m³/min 以上，这些排量仅可作为施工中的最高限制排量。

表 6.2.1　不同施工排量下的井口压力预测结果

压裂段类型	破裂压力梯度/(MPa/m)	液体类型	井口压力/MPa							
			0.5m³/min	1.0m³/min	1.5m³/min	2.0m³/min	2.5m³/min	3.0m³/min	3.5m³/min	4.0m³/min
基质段	0.025	清水	66.43	67.49	69.10	71.21	73.79	76.82	80.29	84.18
		滑溜水	66.15	66.53	67.11	67.87	68.79	69.89	71.13	72.54
天然裂缝发育段	0.023	清水	58.43	59.49	61.10	63.21	65.79	68.82	72.29	76.18
		滑溜水	58.15	58.53	59.11	59.87	60.79	61.89	63.13	67.54

2. 缝高扩展需要的施工排量

施工排量是影响裂缝高度扩展的主要因素之一，对于干热岩而言，要尽量利用施工排量的作用来扩展缝高，提高纵向改造程度和改造体积。施工排量对缝高的影响可采用复杂裂缝模型来模拟计算。表 6.2.2 是利用裂缝模拟软件计算得到的压裂液量 1000m³、施工排量 0.5~12m³/min 条件下的缝高、裂缝半长、主裂缝缝宽扩展结果，可见，在使用清水作为压裂液的情况下，施工排量对缝高扩展的影响相对不大，施工排量达到 3m³/min 后再增加施工排量缝高增大的幅度非常小。

表 6.2.2　施工排量对缝高扩展的影响

施工排量/(m³/min)	裂缝半长/m	缝高/m	主裂缝缝宽/cm
0.5	122.0	84	0.079
1	133.0	98	0.085
1.5	137.7	110	0.088
2	142.4	118	0.0927
3	155.0	122	0.1009
4	163.3	125	0.1069
6	174.0	129	0.11608
8	182.0	132	0.123
10	188.7	136	0.1288
12	193.0	139	0.1337

3. 施工排量对温差效应的影响

前述物理模拟研究表明，温差效应可产生热破裂，形成微裂隙，降低裂缝破裂压力，因此，在压裂工艺中要充分利用这种效应，并充分发挥该效应的作用，关键在于选择合理的施工排量。为使压裂初期井底温差效应最大化，须小排量注入压裂液，如施工排量可设计为 0.5～1.0m³/min。

4. 变排量对裂缝半长、缝宽和改造体积的影响

为了探索不同施工排量及施工排量组合注入条件对裂缝半长的影响规律，以清水作为压裂液，开展了不同施工排量及施工排量组合注入条件下的数值模拟研究。当施工排量由 1m³/min 逐渐提高 7m³/min 时，施工排量的增加可显著提高裂缝在缝长方向的扩展，但是当施工排量采用由低到高逐级增加的注入方式时，裂缝半长延伸效果优于各单一施工排量注入条件下的裂缝半长（图 6.2.1）。

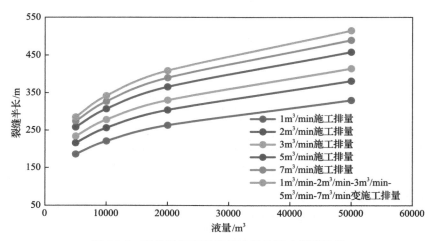

图 6.2.1　变排量施工对裂缝半长的影响模拟结果

变排量注入方式对缝宽的影响模拟研究表明，花岗岩压裂裂缝缝宽较小，变排量施工可能会降低主裂缝缝宽(图 6.2.2)，因此，如果压裂施工中要加入支撑剂，对支撑剂的粒径和砂液比必须优化控制，否则会带来施工砂堵的风险。

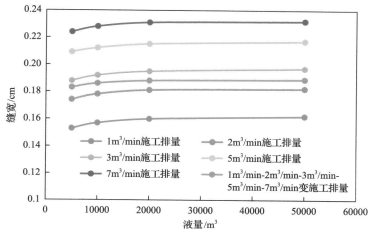

图 6.2.2　变排量施工对缝宽的影响模拟结果

变排量注入方式对改造体积的模拟研究表明，变排量施工可以显著提高干热岩裂缝的改造体积(图 6.2.3)，综合考虑施工安全和降低诱发强微震风险，现场采用变排量注入方式为好。

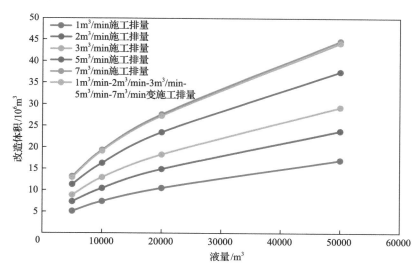

图 6.2.3　变排量施工对改造体积的影响模拟结果

综合分析认为，干热岩的施工排量要依据不同施工阶段来确定，在压裂初期的热破裂阶段，施工排量可设计为 0.5～1m³/min；高黏液段塞注入阶段，施工排量可设计为 2～3m³/min；在变排量循环注入阶段，施工排量可设计为 1m³/min-2m³/min-3m³/min-2m³/min-1m³/min。总之，干热岩压裂施工排量的选择不是越大越好，而是要综合施工限压和实时监测的裂缝形态及复杂程度随时调整。

6.2.3 压裂液用液规模优化方法

压裂液用液规模大小是扩展裂缝系统体积和获得注采井连通所需缝长的关键，因此，压裂液用量的优化设计主要考虑两方面因素：一是要依据注采井的井距大小，获得满足注采井连通时对缝长的要求；二是要获得满足换热温度和流量的改造体积，用液规模大小的优化可用裂缝模拟软件来进行。表 6.2.3 为裂缝模拟软件模拟计算的不同规模的清水在 $3.0m^3/min$ 施工排量下的裂缝形态及尺寸结果，数据表明，用液量为 $10000\sim20000m^3$ 时，裂缝半长为 $252.0\sim304.0m$，改造体积为 $10.45\times10^6\sim14.92\times10^6m^3$。如果注采井距为 $500\sim600m$，则单井用液规模可设计为 $20000m^3$ 左右，诚然，具体到某一个试验井组，须按照实际的地下井距、方位和改造的层数等来详细优化用液规模。

表 6.2.3　不同用液量对裂缝几何尺寸的影响

用液量/m^3	液体类型	施工排量/(m^3/min)	裂缝半长/m	缝高/m	主裂缝缝宽/cm	改造体积/10^6m^3
1000	清水	3	155.0	122.0	0.1009	3.71
10000	清水	3	252.0	128.0	0.1082	10.45
20000	清水	3	304.0	120.0	0.1085	14.92
30000	清水	3	364.7	130.0	0.1091	22.63
50000	清水	3	413.5	130.3	0.1092	29.35

6.3　压裂液选择

6.3.1 干热岩压裂改造对压裂液的要求

目前，胍胶、聚合物和表面活性剂压裂液体系等均是砂岩油气、页岩油气及碳酸盐岩油气等常用的压裂液工作液，但对于干热岩压裂而言，因岩石特性和压裂裂缝的作用不同，对压裂液的要求自然不同，主要要求有以下三个方面：

(1)有利于造复杂缝。前述研究表明，干热岩压裂甜点主要为天然裂缝发育井段，因此，需要低黏液体来沟通天然裂缝，同时，因干热岩压裂过程中塑性扩展特性和缝高扩展的需求，还要求用高黏液体段塞来扩缝，因此，压裂液体系要兼顾低黏和高黏特性。

(2)对复杂压裂裂缝系统低伤害或无伤害。干热岩压裂所形成的复杂裂缝系统用来循环换热，要求裂缝导流能力高，渗流阻力低。以往研究表明，压裂液残渣是降低裂缝导流能力的主要因素，因此，要维持裂缝的长期导流能力，要求压裂液体系低残渣或无残渣。

(3)摩阻低、耐温性好。干热岩埋藏比较深，温度高，地应力梯度高，施工压力高，因此，为保障安全施工，要求压裂液具备一定的低摩阻特性和高耐温性。

(4)经济性好。干热岩热能利用具有见效慢、投资回收周期长等特点,因此要求压裂液价格低廉。

6.3.2 压裂液类型选择

1. 常用压裂液的基本特性

砂岩油气、页岩油气及碳酸盐岩油气常用胍胶、聚合物和变黏滑溜水作为压裂液体系来满足造缝、携砂等要求,其在耐温性、摩阻、携砂性、残渣和经济性方面具有不同特点。干热岩压裂主要看重液体体系的耐温性、摩阻、残渣和经济性,因此,变黏滑溜水和清水是干热岩压裂的可选体系类型。常用压裂液体系的性能比较见表 6.3.1。

表 6.3.1 常用压裂液体系的性能比较

性能	胍胶体系	聚合物体系	变黏滑溜水	清水
耐温性	180℃	240℃	200℃	高
摩阻	低	低	低	高
携砂性	强	强	强	弱
残渣	高	低	低	无
经济性	一般	高	高	高

2. 不同液体类型及组合对裂缝几何尺寸的影响

因清水的经济性,国外一般采用清水作为压裂液。但针对国内的干热岩高温岩体和不同完井方式,可以依据压裂注入管柱和对缝高的影响来进一步优化压裂液类型及组合。

1)清水与滑溜水

清水与滑溜水成本相对较低,可作为干热岩压裂液的首选。前述研究表明,从施工限压的角度考虑,对于 4000m 左右深度的井,用 5.5in 或 4.5in 套管注入压裂液,限压 80MPa 条件下,无论采用清水还是聚合物配制的滑溜水,施工排量可达到 3.0m³/min。因此,仅从经济性方面考虑,清水无疑是最佳选择。但对于套管抗压能力不足需要下入油管压裂的井,则要重点考虑清水的高摩阻对施工的影响,依据施工限压与需求排量综合考虑选择清水还是滑溜水。

2)高黏液

干热岩一般高温岩体段长达数百米甚至上千米,采用清水压裂,缝高扩展是受限的。譬如,对于青海共和盆地印支期花岗岩,在 $3\sim12m^3/min$ 施工排量下预测缝高为 $122\sim139m$,对于上千米的高温岩体段,换热高度明显不足。表 6.3.2 比较了注入 $1000m^3$ 高黏滑溜水和清水对缝高的影响,高黏滑溜水明显表现出对缝高扩展的促进作用。在相同施工排量和液量条件下,注入黏度为 30mPa·s 的高黏滑溜水,缝高可提升 40%～50%。因此,要扩展缝高,可以注入高黏滑溜水段塞。

表 6.3.2　清水和高黏滑溜水对缝高扩展的影响

液体类型	施工排量/(m³/min)	裂缝半长/m	缝高/m	主裂缝缝宽/cm
清水	0.5	122	84	0.079
高黏滑溜水	0.5	98	126	0.133
清水	1.0	133	98	0.085
高黏滑溜水	1.0	77	137	0.156

图 6.3.1 为不同液量的滑溜水和高黏液在 $3m^3/min$ 施工排量下对缝高扩展的影响模拟结果，由图可见，随着液量逐步增加，高黏液在缝高方向的扩展效果明显优于滑溜水体系，这说明在干热岩压裂过程中使用少量高黏液来提升纵向改造程度是可行的。

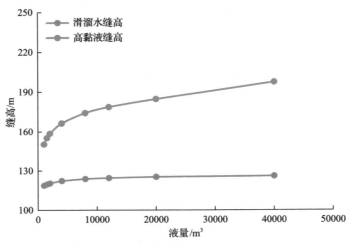

图 6.3.1　不同用液规模下的缝高扩展模拟结果

在相同施工排量下，不同压裂液黏度对缝高扩展的影响模拟结果见图 6.3.2。图 6.3.2

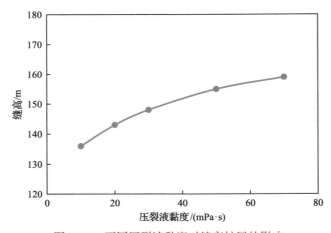

图 6.3.2　不同压裂液黏度对缝高扩展的影响

中显示，缝高随压裂液黏度的增加而增加，但增加幅度不一样，压裂液黏度在 30mPa·s 以前，缝高增加的幅度大，压裂液黏度超过 30mPa·s 后，缝高增加的幅度变小。因此，高黏液的黏度选择要综合考虑缝高扩展与成本因素。

3. 压裂液组合确定

综合考虑耐温性、摩阻、裂缝扩展、施工安全、经济性等因素，干热岩压裂液体系可选用清水与聚合物体系组合，分为两种方式：①清水+高黏滑溜水；②低黏滑溜水+高黏滑溜水。主体采用清水或滑溜水，高黏滑溜水作为段塞使用。采用聚合物作为滑溜水的降阻剂，聚合物本身是一种疏水剂，破胶后残渣少，不会对压裂裂缝产生堵塞影响。

4. 滑溜水压裂液性能

为满足干热岩造缝与扩缝以及低施工压力的需要，滑溜水压裂液可作为干热岩的主体压裂液使用，这就要求滑溜水具有变黏和低摩阻性能，由一种聚合物不同的使用浓度来实现不同的黏度和降阻率。目前的聚丙烯酰胺类聚合物降阻剂可以满足需求。表 6.3.3 为不同滑溜水配方下的黏度和降阻率，由表可知在 200℃下，降阻率可达 75% 以上，也可达到 30.0mPa·s 的黏度。

表 6.3.3　不同滑溜水配方下的黏度和降阻率

名称	滑溜水配方	表观黏度/(mPa·s)	降阻率/%	耐温/℃
低黏	清水+0.05%降阻剂	2.5	81.0	200
中黏	清水+0.16%降阻剂	10.0	79.5	200
高黏	清水+0.30%降阻剂	30.1	76.1	200

6.3.3　压裂液在地层中的相态特征

干热岩属于高温岩体，因不同的液体相态造缝能力不同，所以压裂过程中压裂液在地层中是以液态还是气态抑或气液共存是大家比较关心的问题，欲判断压裂液在高温岩体中的相态，要结合压裂液的组成、压裂过程中的温度剖面来判断。

前述研究表明，干热岩压裂选用滑溜水和清水的组合，滑溜水压裂液中 98%以上为清水，水的相态就基本反映了压裂液的相态特征。从水的相态特征曲线(图 6.3.3)来看，水的相态变化除了受温度的影响外，与所受到的压力有很大关系，水在不同的温度、压力条件下将呈现固态、液体和气态等状态。

从水的相态曲线看，在压力大于 1.5536MPa、温度 0.16℃以上时，水以液态的方式存在。

利用裂缝模拟软件，可计算不同泵注液量条件下不同裂缝位置处的温度。图 6.3.4～图 6.3.6 为模拟计算原始地层温度 190℃、注入排量 3m³/min、注入清水 10000～30000m³ 情况下的温度剖面曲线。可见，在近井筒周围，地层温度将大幅度降低，在裂缝端部位置，基本保持地层原始温度。

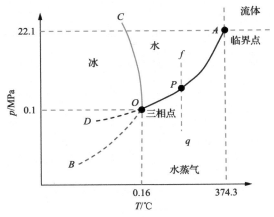

图 6.3.3　水的相态特征曲线

OA-气-液两相平衡线；OB-气-固两相平衡线；OC-液-固两相平衡线；OD-过冷水和水蒸气的介稳平衡线

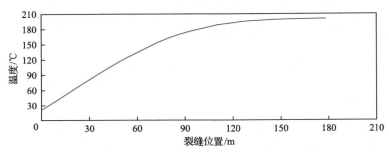

图 6.3.4　注液 10000m³ 后裂缝内温度预测曲线

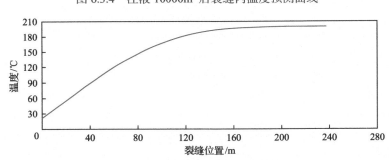

图 6.3.5　注液 20000m³ 后裂缝内温度预测曲线

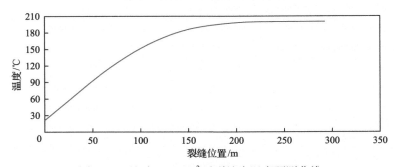

图 6.3.6　注液 30000m³ 后裂缝内温度预测曲线

因此，依据干热岩压裂过程中的热储温度和压力判断，在压裂裂缝中压裂液一直以液态形式存在，不存在气液两相混合流动的情况。

6.4　分层压裂施工工艺方法

依据国内外经验，干热岩井一般为直井或斜度井，采用裸眼、套管或筛管等方式完井[1-5]，高温岩体段长约数百米或上千米，欲对长井段高温岩体进行彻底改造，须进行分层压裂改造[6-9]。针对高温干热岩井，受温度的制约，要实现真正的分层改造，关键在于分层压裂材料、工具的长效耐温能力与封隔方法[10,11]。目前，干热岩井的分层压裂施工工艺方法有填砂分压、封隔器分压、水力喷射分压与桥塞分压等。

6.4.1　填砂分压工艺方法

填砂分压是一种工艺安全性高、作业成本低、由井底逐层上返的分层压裂技术，它利用重力沉降作用，将石英砂从管柱内充填到已压开井段形成砂堤，封堵已压开井段，然后进行逐层射孔、压裂、填砂，再次进行射孔、压裂、填砂，如此往复多次，直至完成全部的压裂任务。对于干热岩而言，虽然井筒温度高，但石英砂耐温能力强，完全满足长时间封堵的要求。

1. 砂量计算

依据所要填砂的井段长度、井底位置、砂面位置和套管容积等计算需要的砂量。

2. 管柱组合

根据套管尺寸选择填砂管柱结构，管柱最小端带笔尖，管柱下入深度距离填砂面100m，填砂管柱结构示意图见图 6.4.1。

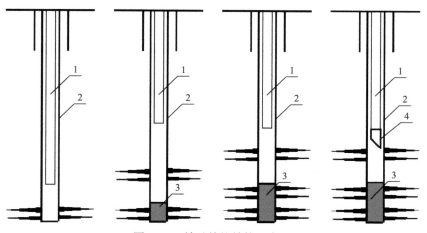

图 6.4.1　填砂管柱结构示意图

1-油管；2-套管；3-砂塞；4-笔尖

3. 填砂步骤

(1)第一层压裂施工结束后放喷，当井口压力为零时准备填砂。

(2)用压井液正循环洗井一周，井口压力为 0MPa。

(3)采用填砂漏斗填砂，压井液小水流混砂投送，泵入排量为 3～5m³/h，填砂速度小于 0.5m³/h。

(4)在保证井控安全的情况下起出填砂管柱，准备第二层的射孔和压裂施工。

(5)第二层压裂施工结束后放喷，按照前述步骤进行第二层填砂，再进行第三层填砂。

(6)以此类推，完成所有层的填砂和压裂，所有层段施工完成后，下入冲砂管柱冲砂，留下干净的全通井筒。

6.4.2 封隔器分压工艺方法

借助封隔器将压裂目的层与其上下层段分隔出来成为一个独立压裂单元的分层压裂方法称为封隔器法，其是一种针对性很强的硬分层压裂工艺方法。对于干热岩井的高温井筒而言，选用耐高温、长寿命封隔器工具是实现有效封隔的关键。它利用封隔器、滑套与管柱组合，一趟管柱可分压多层。

1. 管柱结构

封隔器机械分层压裂管柱主要由安全接头、水力锚、封隔器、滑套喷砂器、喷砂器、单流阀等组成，如图 6.4.2 所示。

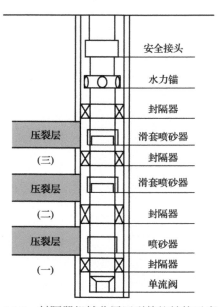

图 6.4.2　封隔器机械分层压裂管柱结构示意图

2. 配套工具及封隔器

1)水力锚

水力锚由本体、锚爪、中心管组成，用于克服施工过程中产生的上顶力，防止封隔器向上窜动。压裂时，通过油套内外产生的压差使水力锚锚爪伸出并与套管锚定。压裂后，当油套内外没有压差时在复位弹簧的作用下可使锚爪收回。

2)封隔器

封隔器主要有压缩式封隔器、扩张式封隔器等常见类型[12]，如图 6.4.3 和图 6.4.4 所示。压缩式封隔器由下接头、上下中心管、上下液缸、锁套、锁环、胶筒等组成，胶筒在活塞作用下完成封隔器的坐封、锁定。

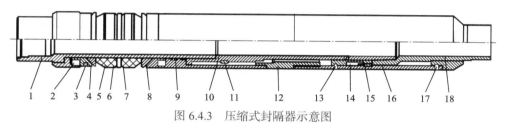

图 6.4.3　压缩式封隔器示意图

1-上中心管；2-调节环；3-保护块；4-卡簧；5-护盘；6-胶筒；7-隔环；8-锥环；9-上液缸；10-下中心管；11-锁环；12-锁套；13、17-剪钉；14-活塞；15-锁块；16-下液缸；18-下接头

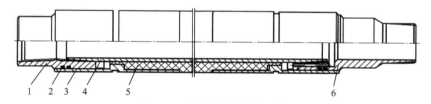

图 6.4.4　扩张式封隔器示意图

1-上接头；2-密封圈；3-胶筒钢碗；4-中心管；5-扩张式胶筒；6-下接头

K344 封隔器(扩张式封隔器)由上接头、中心管、下接头及扩张式胶筒等组成，扩张式胶筒在油套压差作用下完成封隔器的坐封。

3)压裂滑套

压裂滑套是建立井筒与地层连通的通道，是实现多级分层压裂的关键工具[13]。多级压裂滑套一般指投球式压裂滑套。投球式压裂滑套主要由上接头、本体、球座、滑套、下接头等组成，如图 6.4.5 所示。

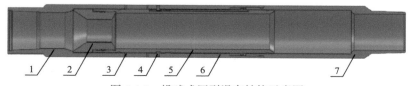

图 6.4.5　投球式压裂滑套结构示意图

1-上接头；2-球座；3-滑套出口；4-滑套剪钉；5-滑套；6-本体；7-下接头

投球式压裂滑套(图 6.4.6)内部设有球座，球座内通径设计成等差数列，有呈等差数列的密封球与球座匹配，通过压差密封球带动球座下行，打开滑套。

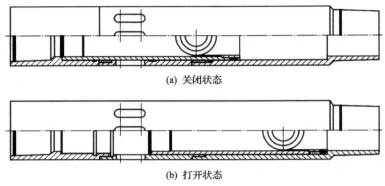

(a) 关闭状态

(b) 打开状态

图 6.4.6 投球式压裂滑套示意图

3. 施工方法

该工艺是采用封隔器将压裂层完全封隔，通过逐级打开滑套喷砂器对目的层实施逐层压裂的方法。其施工步骤如下：

(1)根据设计的射孔方案对所有压裂层段进行射孔。

(2)下入封隔器机械分层压裂管柱，坐封所有封隔器，进行第一层压裂。

(3)第一层施工结束后从投球器向压裂管柱中投入第一级密封球，打开第一级滑套喷砂器，进行第二层压裂。

(4)第二层施工结束后从投球器向压裂管柱中投入第二级密封球，打开第二级滑套喷砂器，进行第三层压裂。

(5)以此类推，直至完成全部层段的压裂施工。

(6)放喷、测试。

该分层压裂工艺方法利用封隔器将目的层进行机械封隔，压裂措施针对性强，能够针对各个目的层的不同特性进行针对性的优化设计，以及进行充分的压裂改造，在固井质量完好情况下分层可靠，适用于多层分段改造，施工效率高。但封隔器机械分层压裂工艺依据施工层位的多少及施工要求不同，管柱类型较多，在多层施工时，由于下入工具较多，对作业安全性要求高，作业施工风险较高，特别是对封隔器的耐高温和长寿命性能提出了更高要求，选择时必须严格遵照执行。

6.4.3 水力喷射分压工艺方法

水力喷射分压工艺集水力喷砂射孔、压裂、液力封隔于一体，利用水动力原理，流体通过喷射工具将高压能量转换成动能，产生高速流体，冲击套管、岩层形成射孔通道，在射孔孔道顶端产生微裂缝，降低地层起裂压力，环空泵入的流体和喷射流体的增压作用使地层破裂，产生裂缝并使得裂缝继续延伸。该工艺方法对施工排量要求不高，成本低廉,且不受套管、裸眼与筛管等完井方式的限制,较为适合干热岩分层压裂。水力喷射分压技术目前分为拖动管柱水力喷射分压技术和不动管柱水力喷射分压技术[14]。

1. 拖动管柱水力喷射分压技术

该技术为用油管下入带喷枪的工具串,在完成水力喷砂射孔后,环空注液压开地层,油管和环空同时注液进行压裂,水力负压封堵已压裂井段,完成本层施工后放喷压井后拖动管柱到下一井段进行施工,实现各层的分层压裂改造。拖动水力喷射压裂管柱示意图如图 6.4.7所示。

1)压裂管柱结构

拖动水力喷射压裂管柱由引鞋+筛管+单向阀+单级水力喷射器+扶正器+上接头等组成,水力喷射器包括上接头+上扶正器+喷射器+下

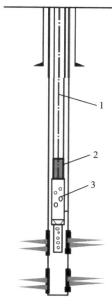

图 6.4.7　拖动水力喷射压裂管柱示意图
1-油管(连续油管);2-安全接头;3-单级水力喷射器

接头+下扶正器,如图 6.4.8 所示。拖动管柱中带的水力喷射器为单级水力喷射器,最下面一级水力喷射器也是单级水力喷射器。单级水力喷射器及配套工具结构如图 6.4.9 所示。

图 6.4.8　水力喷射器外部示意图

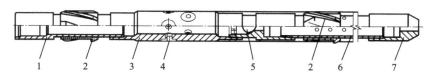

图 6.4.9　单级水力喷射器及配套工具结构示意图
1-上接头;2-扶正器;3-单级水力喷射器;4-喷嘴;5-单向阀;6-筛管;7-引鞋

2)压裂施工方法

(1)按设计要求下入水力喷砂压裂管柱,入井过程中,保护好井口,不得有落物入井。

(2)水力喷射压裂管柱下完后,接油管悬挂器,固定油管于采气四通,并安装压裂井口,连接油管注入地面管线到压裂井口,连接环空注入管线到套管四通,走泵试压合格后,打开油管注入和套管排液闸门。

(3)关闭井口阀门,分别对两条地面压裂管线试压合格后开始施工。

(4)以 1.0m³/min 的排量从油管注入清水或滑溜水,依据井口压力大小判断喷嘴是否畅通。

(5)确认喷嘴畅通后，将油管排量提高到设计排量，加入设计粒径和砂液比的石英砂进行喷砂射孔，射孔结束后将环空中的射孔液全部顶替出井口。

(6)顶替结束后，将油管排量降低到设计排量继续注入，关闭套管排液闸门，地层压开套压稳定后，环空注入系统开始供液，环空注入清水或滑溜水，环空排量提高到设计排量、油管排量提高到设计排量，按照泵注程序进行压裂施工。施工结束后停泵。

(7)放喷泄压。用油嘴控制放喷，防止出砂，扩散地层压力。

(8)压井上提管柱。放喷至井口压力落零后压井，拆卸压裂井口，上提管柱到第二个压裂位置，并安装好压裂井口。

(9)再按照步骤(4)～(6)进行第二段压裂施工。以此类推，直至完成所有井段的压裂施工。

2. 不动管柱水力喷射分压技术

该技术是将水力喷射压裂技术与滑套技术相结合，将带滑套的水力喷砂压裂管柱一次性下井，第一段施工结束等裂缝闭合后，从投球器投球，待球落座后，打开套放闸门，送球落座打开滑套，露出喷嘴，压裂第二层，依次投球打开滑套分压各层[15]。

1)压裂管柱结构

不动管柱水力喷射压裂管柱由单向阀+多级滑套水力喷射器+扶正器+安全接头组成，如图6.4.10所示。滑套喷射器由喷射器本体、滑套、滑套座等组成，如图6.4.11所示。

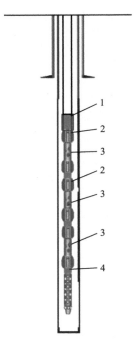

图 6.4.10　不动管柱水力喷射压裂管柱示意图

1-安全接头；2-扶正器；3-多级滑套水力喷射器；4-单向阀

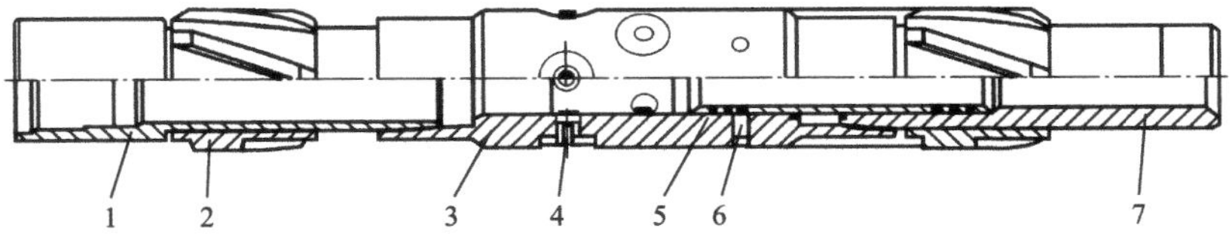

图 6.4.11　滑套喷射器工具结构示意图

1-上接头；2-扶正器；3-喷射器本体；4-喷嘴；5-滑套；6-剪钉；7-滑套座

2) 喷射压裂喷嘴结构

　　水力喷射工具主要由喷枪本体和喷嘴组成，喷枪本体两端均选择油管扣，中间部位设计螺纹孔，用于安装喷嘴。喷嘴由陶瓷合金通过特殊的工艺加工而成，喷嘴内部为锥直形结构，由圆柱段和收缩段组成，外部设计与喷枪本体上的螺纹一致，通过耐高温螺纹密封胶黏结。喷嘴外部有防溅结构，最上部设计为正六方台阶，便于喷嘴的安装[16]。

　　喷嘴作为核心工具之一，将高压能量转换为水的动能，形成具有强大冲击力的射流，射穿套管和水泥环，破碎地层岩石，对储层进行压裂，并在压力转化为速度的过程中产生负压，封堵已压裂层段。喷嘴结构参数直接关系到喷射压裂最终使用效果。喷射压裂用喷嘴常用锥直形喷嘴，结构如图 6.4.12 所示。

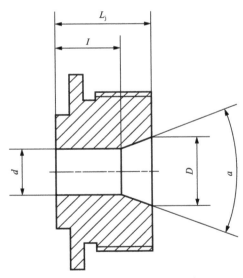

图 6.4.12　锥直形喷嘴结构示意图

D-喷嘴入口直径；d-喷嘴出口直径；a-收缩角；I-喷嘴圆柱段长度；L_j-喷嘴总长度

3) 高温密封件研究

　　干热岩压裂过程中面临着高温高压水蒸气苛刻的环境，喷嘴固定在喷射器上，其高温密封性面临考验，对橡胶密封圈的耐温性能提出了更高的要求，一般普通的橡胶密封材料难以满足使用要求。

　　通过对比不同种类橡胶在高温水蒸气环境下的耐腐蚀性能，确定使用四丙氟橡胶作为基体材料，在已有橡胶材料的基础上进行了针对性的改进，通过分析四丙氟橡胶的失效机制，优化补强炭黑种类与数量、过氧化二异丙苯/八乙烯基多面体低聚倍半硅氧烷(DCP/OVPOSS)多点交联体系，得到最优的耐高温、耐水蒸气性能的四丙氟橡胶的配方，该材料在 200℃饱和水蒸气条件下老化 168h 后，拉伸强度和断裂伸长率的保持率≥80%，满足干热岩开发使用要求[17-20]。

将研制的高温 O 形密封圈进行耐高温试验，设计两种密封圈装配间隙分别为 0.1mm、0.3mm，测试不同间隙密封圈的密封能力。密封试验温度为 200℃，最大压力为 70MPa。

将密封圈装配间隙调整为 0.1mm、0.3mm。参照试验程序对密封圈进行承压试验，试验过程温度和压力记录如图 6.4.13 和图 6.4.14 所示，在 10 次循环周期内，压力无明显下降，密封圈在 200℃可承压 70MPa 不泄漏。

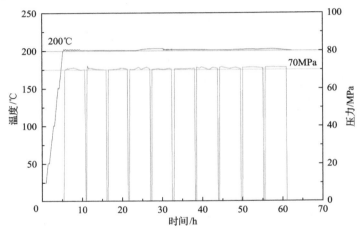

图 6.4.13　密封圈装配间隙 0.1mm 时承压试验曲线

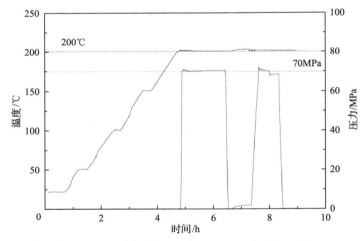

图 6.4.14　密封圈装配间隙 0.3mm 时承压试验曲线

上述研究与室内测试表明，装配间隙为 0.1mm、0.3mm 的密封圈可满足 200℃、70MPa 承压需求，可用作水力喷嘴的高温密封。

4) 喷嘴数量优化

喷嘴数量要依据排量和满足喷射速度要求来优化。不同喷嘴数量、不同排量下的喷射速度关系曲线如图 6.4.15 所示，6 个 6.0mm 喷嘴在 2.0~2.5m³/min 油管排量下的喷射速度为 198~245m/s，8 个 6.0mm 喷嘴在 2.5~3.3m³/min 油管排量下的喷射速度为 184~243m/s，在油管排量与喷射速度（根据地面试验结果喷射速度大于 200m/s 即可进行射孔压裂施工）都满足条件下，建议采用尽量大的喷嘴，喷射效果更佳。

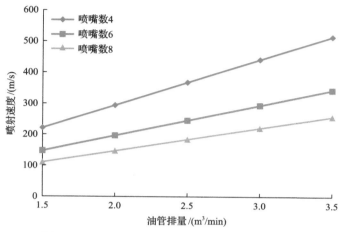

图 6.4.15　不同尺寸喷嘴油管排量与喷射速度关系

5）压裂施工方法

（1）按设计要求下入水力喷砂压裂管柱，入井过程中，保护好井口，不得有落物入井。水力喷射压裂管柱下完后，接油管悬挂器，固定油管于采气四通，并安装压裂井口，连接油管注入地面管线到压裂井口，连接环空注入管线到套管四通，走泵试压合格后，打开油管注入和套管排液闸门。

（2）关闭井口阀门，分别对两条地面压裂管线试压合格后开始施工。

（3）以 1.0m³/min 的排量从油管注入清水或滑溜水，依据井口压力大小判断喷嘴是否畅通。

（4）确认喷射畅通后，将油管排量提高到设计排量，加入设计粒径和砂液比的石英砂进行喷砂射孔，射孔结束后将环空中的射孔液全部顶替出井口。

（5）顶替结束后，将油管排量降低到设计排量，关闭套管排液闸门，地层压开套压稳定后，环空注入系统开始供液，环空注入清水或滑溜水，环空排量提高到设计排量，油管排量提高到设计排量，按照泵注程序进行压裂施工。施工结束后停泵。

（6）裂缝闭合后，关闭井口阀门 1，打开井口阀门 2，然后投入第一级钢球，关闭井口阀门 2，打开井口阀门 1；打开套放阀门 1，应用套管出口处的旋塞阀控制放喷量，以 0.8~1.0m³/min 的排量送球入座，待球入座有明显的压力波动后，认为滑套销钉已经剪断。

（7）油管注入排量提升到射孔排量后，加入设计粒径和砂液比的石英砂进行喷砂射孔，射孔结束后将环空中的射孔液全部顶替出井口。

（8）喷砂射孔顶替结束后，将排量降低到设计排量，关闭套放闸门，环空压力开始上升直到压开地层，套压稳定后，油管注入排量提高到压裂设计排量，按照第二段泵注程序压裂第二段。

(9)按照步骤(5)～(7)完成后续井段的压裂施工。

6.4.4　桥塞分压工艺方法

桥塞分压工艺为一种由井底逐层上返的分压工艺，首先对热储层段进行划分，确定储层改造的层数，再进行逐层的射孔、压裂、坐封桥塞，再次进行射孔、压裂、坐封桥塞，如此往复多次，直至完成全部的压裂任务(图6.4.16)。这种分层压裂工艺方法能够很好地适应各层不同条件和大排量施工改造[21-24]。

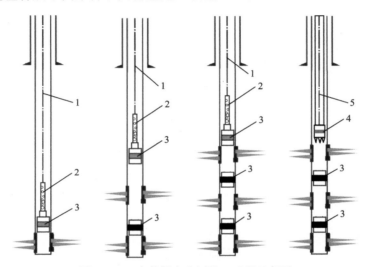

图6.4.16　直井桥塞分压施工过程示意图

1-电缆；2-射孔枪；3-桥塞；4-钻头；5-油管

1. 桥塞及配套工具结构

随着技术的发展，致密砂岩油气和页岩油气的易钻桥塞与可溶桥塞技术已经成熟配套，对于干热岩而言，关键考验在于桥塞工具中封隔器的高温密封性，目前，可溶桥塞还难以承受180℃以上的高温，下面主要介绍易钻桥塞及配套工具结构。

易钻桥塞本体材料由复合材料制作而成，和铸铁材料相比，复合材料硬度较低，桥塞易钻，钻除作业时间短，有利于提高施工效率。易钻桥塞结构由中心管、密封球、滑环、胶筒、背环、锁环、卡瓦等组成，如图6.4.17所示。除胶筒等少数部件外，其余大部分部件都是由复合材料制成的，易于钻除。

桥塞依靠电缆投送工具投送到位并坐封密封，其工具结构主要由点火头、火药燃烧室、上接头、上缸体、上活塞、下缸体、下活塞等组成，如图6.4.18所示。其技术原理为电缆通电点火，引燃火药，燃烧室产生高压气体，上活塞下行压缩液压油推动下活塞，使下活塞连杆推动推筒下行挤压上卡瓦，与此同时，由于反作用力外推筒与中心管之间发生相对运动，桥塞中心管向上挤压下卡瓦；在上、下卡瓦的夹击下，上、下压缩环压缩胶筒，使得胶筒胀开封隔套管；当胶筒、卡瓦与套管配合压紧后，压缩力继续增加，剪断释放销钉，使得投送工具与桥塞脱开，完成丢手动作。

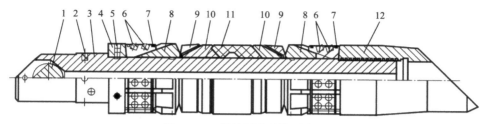

图 6.4.17　易钻桥塞结构示意图

1-密封球；2-丢手剪钉；3-中心管；4-滑环；5-坐封剪钉；6-卡瓦；7-锁环；8-支撑环；
9-背环；10-压缩环；11-胶筒；12-下接头

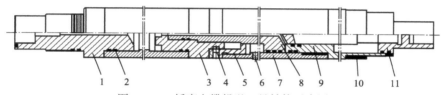

图 6.4.18　桥塞电缆投送工具结构示意图

1-点火头；2-火药燃烧室；3-剪切接头；4-剪切螺钉；5-上接头；6-尼龙塞；
7-上缸体；8-上活塞；9-下缸体；10-锁紧螺母；11-下活塞

2. 施工作业步骤

采用逐层压裂、座塞，再次压裂、座塞的循环过程实施分层压裂。其主要步骤如下：

(1)根据压裂设计方案中的射孔方案进行第一层的电缆射孔。

(2)射孔结束后，利用光套管按照泵注程序进行第一层压裂施工。

(3)第一层施工结束后下入带桥塞和射孔枪的工具串，在设计位置坐封桥塞，然后进行第二层射孔。

(4)起出工具串，利用光套管按照泵注程序进行第二层压裂施工。

(5)重复步骤(3)～(4)，直至完成所有待压层段。

(6)下钻塞管柱钻塞。

(7)排液、测试。

6.5　化学刺激技术

化学刺激技术作为干热岩热储改造的一种辅助技术，是指在水力压裂施工结束后，以低于地层破裂压力的注入压力向地层中注入化学刺激剂，依靠其化学溶蚀作用溶解热储层裂隙通道内的矿物，进而提高地热储层的渗透性，增加载热流体的注入量和提取量，更好地满足地热产能需求[25]。由于该技术具有诱发微地震风险低、穿透性强、可控性好等优点，被逐步应用于国内外 EGS 示范工程当中[26]。

本节阐述了花岗岩化学刺激机理和化学刺激过程的反应机理，揭示了化学刺激过程中的岩石溶解沉淀规律，给出了不同化学刺激剂配方对热储层的改造效果。

6.5.1 化学刺激技术原理

1. 酸性化学刺激技术原理

目前应用最为广泛的酸性化学刺激剂是盐酸（HCl）和土酸（HCl+HF）[27]。盐酸可有效溶蚀碳酸盐类矿物，如方解石、白云石等[28]；土酸是盐酸和氢氟酸的混合物，其中盐酸除具有溶蚀作用外，还维持低 pH，氢氟酸可溶蚀石英、黏土矿物[29]。盐酸和氢氟酸与主要岩体矿物的溶蚀反应过程如下。

方解石：

$$2HCl+CaCO_3 \longrightarrow CaCl_2+H_2O+CO_2$$

白云石：

$$4HCl+CaMg(CO_3)_2 \longrightarrow CaCl_2+MgCl_2+2H_2O+2CO_2$$

石英：

$$4HF+SiO_2 \longrightarrow SiF_4+2H_2O$$

$$SiF_4+2HF \longrightarrow H_2SiF_6$$

绿泥石：

$$Mg_3[Si_4O_{10}](OH)_2 \cdot Al_3(OH)_9+31HF \longrightarrow 3AlF_3+3MgF_2+4SiF_4+21H_2O$$

蒙脱石：

$$Al_4Si_8O_{20}(OH)_4+44HF \longrightarrow 4AlF_3+8SiF_4+24H_2O$$

盐酸和土酸与岩石反应速度过快、过强，酸液往往在井筒附近就与岩石发生强烈反应，无法到达储层内部，不能达到深部穿透的目的；酸液会腐蚀注入井、生产井管道，对设备造成损坏，且酸液与岩石反应会生成二氧化硅、硅氟酸岩、氟化物等次生沉淀。一方面，这些次生沉淀覆盖在岩石矿物表面，阻碍酸液与岩石进一步反应；另一方面，次生沉淀附着在裂隙表面，阻塞裂隙通道，降低储层渗透性。因此，降低酸液腐蚀性、适当减缓酸性化学刺激剂与岩石的反应速度并减少次生沉淀的生成是很有必要的。LAN-826 是一款酸洗缓蚀剂，主要成分为有机氮化合物和有机醇，可以抑制酸液对金属设备的腐蚀性，降低酸液与岩石的反应速度，从而达到溶蚀深部地热储层的目的。

2. 碱性化学刺激技术原理

碱性化学刺激剂氢氧化钠（NaOH）作为一种强碱，可溶蚀石英、钠长石、钾长石等矿物，但与方解石、白云石等碳酸盐类矿物反应时会生成 $Ca(OH)_2$、$Mg(OH)_2$、$Al(OH)_3$ 等沉淀。氢氧化钠与主要岩体矿物的溶蚀反应过程如下。

方解石：

$$2NaOH+CaCO_3 \longrightarrow Na_2CO_3+Ca(OH)_2$$

菱铁矿：

$$2NaOH+FeCO_3 \longrightarrow Fe(OH)_2+Na_2CO_3$$

白云石：

$$4NaOH+CaMg(CO_3)_2 \longrightarrow Ca(OH)_2+Mg(OH)_2+2Na_2CO_3$$

石英：

$$2NaOH+ SiO_2 \longrightarrow Na_2SiO_3+ H_2O$$

钠长石：

$$NaAlSi_3O_8+5NaOH \longrightarrow 3Na_2SiO_3+Al(OH)_3+H_2O$$

钾长石：

$$KAlSi_3O_8+5NaOH \longrightarrow 3K_2SiO_3+Al(OH)_3+H_2O$$

相比于酸性化学刺激剂，碱性化学刺激剂反应速度慢，对金属设备腐蚀性较弱，但是仍有次生沉淀生成。次生沉淀主要为金属的氢氧化物，如 $Ca(OH)_2$、$Mg(OH)_2$、$Al(OH)_3$ 等，金属氢氧化物多为微溶性沉淀矿物，会附着在裂隙表面，阻止碱液与岩石进一步接触，降低溶蚀效果。螯合剂在化学工业与工业生产中应用广泛，螯合剂多为有机配体，可与金属离子优先络合成稳定的水溶性螯合物，从而降低阻止矿物溶解释放出的金属离子与其他离子如 F^- 结合生成二次矿物沉淀，减少次生沉淀的生成，提高碱性化学刺激溶蚀效果。

常见的螯合剂主要有：乙二胺四乙酸（EDTA），是一种有机化合物，其化学式为 $C_{10}H_{16}N_2O_8$；次氮基三乙酸（NTA），其化学式为 $N(CH_2COOH)_3$；二乙基三胺五乙酸（DTPA），其化学式为 $C_{14}H_{23}N_3O_{10}$；乙二胺四亚甲基膦酸（EDTMPA），其化学式为 $C_6H_{20}N_2O_{12}P_4$。这四种螯合剂在常温常压下均为无臭无味、无色结晶性粉末。可溶于冷水、热水、氢氧化钠、碳酸钠及氨的溶液中，且能与 Na^+、K^+、Mg^{2+}、Ca^{2+}、Mn^{2+}、Fe^{2+}、Fe^{3+} 等金属离子发生螯合作用，形成稳定的水溶性络合物。其中 EDTA 和 NTA 是传统螯合剂，NTA 能为金属离子提供三个配位键，EDTA 能为金属离子提供四个配

位键；DTPA 和 EDTMPA 是新型螯合剂，DTPA 能为金属离子提供五个配位键，EDTMPA
能为金属离子提供八个配位键，EDTMPA 螯合性强，无毒，热稳定性好，但具有一定
的毒性。四种螯合剂与金属离子的络合反应方程式如下所述。

NTA：

$$2NTA^{3-}+3Ca^{2+} \longrightarrow Ca_3NTA_2$$

$$NTA^{3-}+3K^+ \longrightarrow K_3NTA$$

$$NTA^{3-}+3Na^+ \longrightarrow Na_3NTA$$

$$3NTA^{3-}+3Al^{3+} \longrightarrow 3AlNTA$$

EDTA：

$$EDTA^{4-}+2Ca^{2+} \longrightarrow Ca_2EDTA$$

$$EDTA^{4-}+4K^+ \longrightarrow K_4EDTA$$

$$EDTA^{4-}+4Na^+ \longrightarrow Na_4EDTA$$

$$3EDTA^{4-}+4Al^{3+} \longrightarrow Al_4EDTA_3$$

DTPA：

$$2DPTA^{5-}+5Ca^{2+} \longrightarrow Ca_5DTPA_2$$

$$DPTA^{5-}+5K^+ \longrightarrow K_5DTPA$$

$$DPTA^{5-}+5Na^+ \longrightarrow Na_5DTPA$$

$$3DPTA^{5-}+5Al^{3+} \longrightarrow Al_5DTPA_3$$

EDTMPA：

$$EDTMPA^{8-}+4Ca^{2+} \longrightarrow Ca_4EDPMPA$$

$$EDTMPA^{8-}+8Na^+ \longrightarrow Na_8EDPMPA$$

$$EDTMPA^{8-}+8K^+ \longrightarrow K_8EDPMPA$$

$$3EDTMPA^{8-}+8Al^{3+} \longrightarrow Al_8EDPMPA_3$$

6.5.2 化学刺激剂溶蚀特征

参照国内外各试验场地的化学刺激技术应用案例以及相关领域学者的研究成果，
在明确地热储层主要矿物成分的情况下，可以有针对性地设计并选取不同的化学刺激

剂来研究溶蚀特征。以下选取了青海共和盆地花岗岩岩心进行溶蚀实验，揭示了酸性与碱性刺激剂对岩石矿物的溶蚀与生成的沉淀特征，为优选能大幅度提高岩石渗透率的刺激剂配方奠定了基础。

1. 静态溶蚀率计算方法

利用高温高压反应釜实验系统，模拟注入的化学刺激剂对高温干热岩体的溶蚀作用，定量化评价不同化学刺激剂配方在不同反应时长后对岩石样品的溶蚀效果，用以评价岩体矿物的静态溶蚀效果。不同化学刺激剂与岩石的反应速率不同，测定岩石样品的表面积及化学刺激反应不同时长前后岩石的质量差，根据式(6.5.1)计算反应不同时长的单位表面积岩石溶蚀率 η，定量评价不同化学刺激剂对岩石的溶蚀率。

$$\eta = \frac{m_0 - m_1}{m_0 \times A} \times 100\% \qquad (6.5.1)$$

式中，η 为单位表面积岩石溶蚀率，cm^{-2}；m_0 为反应前岩石质量，g；m_1 为反应后岩石质量，g；A 为反应岩块表面积，cm^2。

2. 静态溶蚀率实验方案

为测试酸性与碱性化学刺激剂的溶蚀特征，使溶蚀反应条件更贴近实际地热储层的温压条件，设计实验温度为 150℃，压力为 30MPa。此外，还设计一组空白样(超纯水)作为对照，具体实验方案设计如表 6.5.1 所示。

表 6.5.1 静态溶蚀实验方案

序号	刺激剂种类	刺激剂配方组成	反应时长/h
0	空白样	超纯水	
1	酸性化学刺激剂	2.5mol/L HCl	1、2、4 6、12
2		2.5mol/L HCl+0.5mol/L HF	
3		2.5mol/L HCl+0.5mol/L HF+1%缓蚀剂	
4		2.5mol/L HCl+0.5mol/L HF+3%缓蚀剂	
5		2.5mol/L HCl+1.5mol/L HF	
6		2.5mol/L HCl+1.5mol/L HF+1%缓蚀剂	
7		2.5mol/L HCl+1.5mol/L HF+3%缓蚀剂	
8	碱性化学刺激剂	2.5mol/L NaOH	
9		2.5mol/L NaOH+1mol/L EDTA	
10		2.5mol/L NaOH+1mol/L NTA	
11		2.5mol/L NaOH+1mol/L EDTMPA	
12		2.5mol/L NaOH+1mol/L DTPA	

3. 溶蚀特征

酸性与碱性化学刺激剂溶蚀矿物和生成沉淀不同，因此化学反应速率特征与最终结果不同，为化学刺激剂优化提供了依据。

1) 酸性化学刺激剂溶蚀特征

不同酸性化学刺激剂溶蚀率如图 6.5.1 所示。可以看出，随着反应时间的增加，岩石与 7 种酸性化学刺激剂反应后的溶蚀率基本上为先增加后减少最后趋于稳定。土酸化学刺激剂与岩石反应速率较快，其中 2.5mol/L HCl+1.5mol/L HF+3%缓蚀剂溶蚀效果最为显著。对比 2.5mol/L HCl+0.5mol/L HF 和 2.5mol/L HCl+1.5mol/L HF 两种化学刺激剂，可以看出 HF 浓度越高，溶蚀效果越强；对比 2.5mol/L HCl+0.5mol/L HF+1%缓蚀剂和 2.5mol/L HCl+0.5mol/L HF+3%缓蚀剂、2.5mol/L HCl+1.5mol/L HF+1%缓蚀剂、2.5mol/L HCl+1.5mol/L HF+3%缓蚀剂，较高的缓蚀剂浓度反而增加了岩石溶蚀率，也就是说 Lan-826 缓蚀剂效果与缓蚀剂浓度无正相关关系。在反应的前 6h，添加 3%缓蚀剂的土酸化学刺激剂对岩石的溶蚀效果强于添加 1%缓蚀剂的土酸化学刺激剂，表明缓蚀剂浓度为 1%时，缓速效果较好。

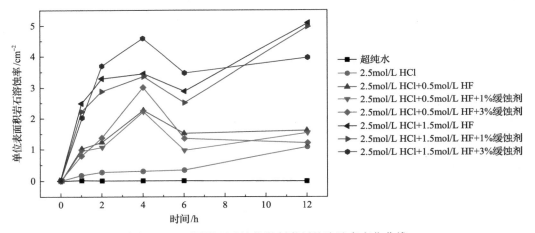

图 6.5.1　不同类型酸性化学刺激剂的溶蚀率变化曲线

综上，选用 7 种酸性化学刺激剂开展酸-岩静态溶蚀实验，对岩石的溶蚀效果表现为：2.5mol/L HCl+1.5mol/L HF+3%缓蚀剂＞2.5mol/L HCl+1.5mol/L HF＞2.5mol/L HCl+1.5mol/L HF+1%缓蚀剂＞2.5mol/L HCl+0.5mol/L HF+3%缓蚀剂＞2.5mol/L HCl+ 0.5mol/L HF＞2.5mol/L HCl+0.5mol/L HF+1%缓蚀剂＞2.5mol/L HCl。其中，2.5mol/L HCl+ 1.5mol/L HF、2.5mol/L HCl+1.5mol/L HF+1%缓蚀剂和 2.5mol/L HCl+1.5mol/L HF+3%缓蚀剂三种酸性化学刺激剂在与岩石反应 2h 就可以达到的较高的岩石溶蚀率，表明该刺激剂反应速度快，化学刺激剂在井口就消失殆尽，不利于深部穿透；缓蚀剂浓度为 1%时，缓速效果较好；2.5mol/L HCl 溶蚀率较低，达不到理想的储层改造效果，而 2.5mol/L HCl+ 0.5mol/L HF、2.5mol/L HCl+0.5mol/L HF+1%缓蚀剂既可以有效溶蚀岩石矿物，保证较

好的刺激效果，又可以保持较为缓慢的刺激效果，刺激花岗岩体内部，实现对深部地热储层的化学刺激改造。

从被溶蚀的矿物来看，随着反应的进行，斜长石被酸性化学刺激剂溶解，体积分数逐渐下降，与 2.5mol/L HCl+0.5mol/L HF 反应 2h 后，斜长石体积分数由 55.0%降低至 54.4%，降低了 0.6 个百分点；与 2.5mol/L HCl+0.5mol/L HF+1%缓蚀剂反应 2h 后，斜长石体积分数由 55.0%降低至 54.5%，降低了 0.5 个百分点（图 6.5.2）。实验结果表明：化学刺激剂 2.5mol/L HCl+0.5mol/L HF 对斜长石的溶蚀效果强于化学刺激剂 2.5mol/L HCl+0.5mol/L HF+1%缓蚀剂对斜长石的溶蚀效果，缓蚀剂可以减弱化学刺激酸液对斜长石的溶蚀作用。结合扫描电镜图片（图 6.5.3）可以看出，光滑的斜长石表面被酸液溶蚀后产生凹槽及空洞。

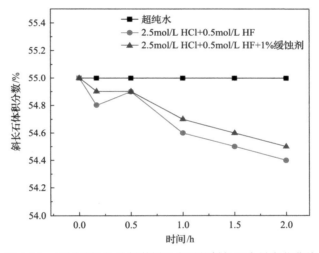

图 6.5.2　不同酸性化学刺激剂反应后的斜长石含量变化曲线

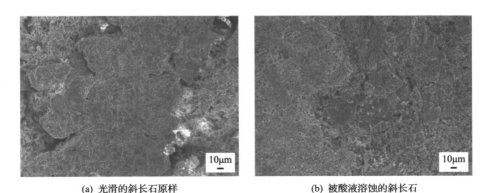

(a) 光滑的斜长石原样　　　　　　　　(b) 被酸液溶蚀的斜长石

图 6.5.3　酸性刺激剂溶蚀前后的斜长石变化扫描图

图 6.5.4 为钾长石被酸性化学刺激剂溶解体积分数曲线，由图可见，与 2.5mol/L HCl+0.5mol/L HF 反应 2h 后，钾长石体积分数由 22.00%降低至 21.965%，降低了 0.035 个百

分点；与 2.5mol/L HCl+0.5mol/L HF+1%缓蚀剂反应 2h 后，钾长石体积分数由 22.00% 降低至 21.98%，降低了 0.02 个百分点。实验结果表明：化学刺激剂 2.5mol/L HCl+ 0.5mol/L HF 对钾长石的溶蚀效果强于化学刺激剂 2.5mol/L HCl+0.5mol/L HF+1%缓蚀剂对钾长石的溶蚀效果，缓蚀剂可以减弱化学刺激酸液对钾长石的溶蚀作用。

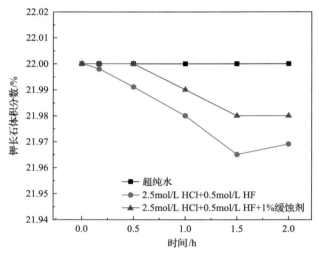

图 6.5.4　不同酸性化学刺激剂反应后的钾长石含量变化曲线

结合扫描电镜图片可以看出，光滑的钾长石表面被酸液溶蚀后产生凹槽及空洞（图 6.5.5）。与斜长石、石英含量降低程度相比可知，土酸对岩石矿物的溶解强度为：石英＞斜长石＞钾长石。

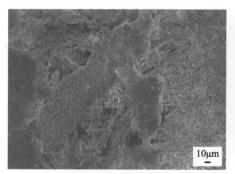
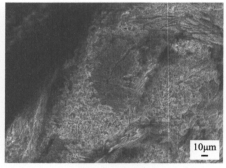

(a) 光滑的钾长石原样　　　　　　　(b) 被酸液溶蚀的钾长石

图 6.5.5　酸性刺激剂溶蚀前后的钾长石变化扫描图

2）碱性化学刺激剂溶蚀特征

不同类型的碱性化学刺激剂溶蚀率变化曲线如图 6.5.6 所示。可以看出，碱性化学刺激剂与岩石反应速率较慢，随着反应时间的增加，岩石与 5 种碱性化学刺激剂反应后的单位面积岩石溶蚀率均不断增加，其中 2.5mol/L NaOH+1mol/L DTPA 溶蚀效果最好，反应时长 12h，单位表面积岩石溶蚀率达到 0.51%，但反应仍未达到平衡，单位表面积岩石溶蚀率呈持续增长的趋势。对比单一的碱性化学刺激剂，四种螯合剂 DTPA、EDTMPA、EDTA、NTA 均可以提高碱性化学刺激剂的溶蚀效果，新型螯合剂（DTPA、EDTMPA）的溶蚀效果强于传统螯合剂（EDTA、NTA）。相对于酸性化学刺激剂而言，碱性化学刺激剂溶蚀岩石的速率缓慢。

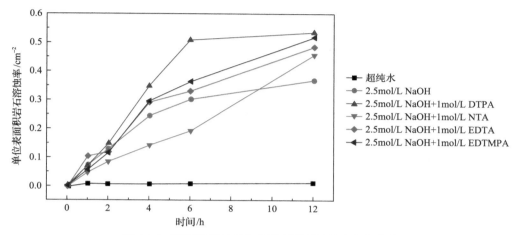

图 6.5.6　不同类型的碱性化学刺激剂溶蚀率变化曲线

由图 6.5.7 可以看出，随着反应的进行，石英被化学刺激剂溶解，体积分数逐渐下降，与 2.5mol/L HCl+0.5mol/L HF 反应 2h 后，石英体积分数由 23%降低至 16%，降低了 7 个百分点；与 2.5mol/L HCl+0.5mol/L HF+1%缓蚀剂反应 2h 后，石英体积分数由 23%降低至 19%，降低了 4 个百分点。实验结果表明：化学刺激剂 2.5mol/L HCl+0.5mol/L HF 对石英的溶蚀效果强于化学刺激剂 2.5mol/L HCl+0.5mol/L HF+1%缓蚀剂对石英的溶蚀效果，缓蚀剂可以减弱化学刺激酸液对石英的溶蚀作用。

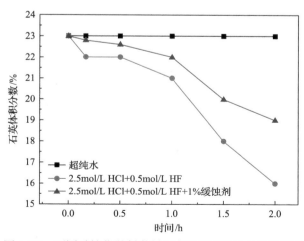

图 6.5.7　不同碱性化学刺激剂反应后的石英含量变化曲线

结合扫描电镜图片可以看出，光滑的石英表面被酸液溶蚀后产生凹槽及空洞（图 6.5.8）。

与斜长石含量降低程度相比可知，土酸对石英的溶解程度强于斜长石。

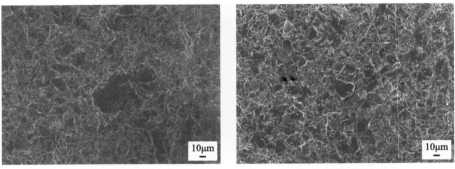

(a) 光滑的石英原样 　　　　　　　　(b) 溶蚀后的石英

图 6.5.8　碱性刺激剂溶蚀前后的石英变化扫描图

此外，通过 1500 倍以上的扫描电镜可以观察到，在原生矿物表面附着着次生矿物簇状绿泥石、球状二氧化硅、蒙脱石（图 6.5.9）。虽然酸性化学刺激剂对石英溶蚀强烈，但同样生成了次生矿物堵塞原生裂隙通道，导致岩心流动实验中酸性化学刺激剂对岩石渗透率提高程度低于碱性化学刺激剂对岩石渗透率提高程度。由于次生沉淀矿物含量较低，仅可在高倍扫描电镜下观测到其具体形态，不能准确、完全地开展定量分析，在此不做展开描述。

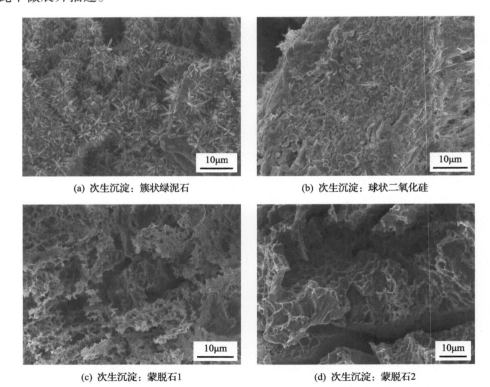

(a) 次生沉淀：簇状绿泥石 　　　　　　　(b) 次生沉淀：球状二氧化硅

(c) 次生沉淀：蒙脱石1 　　　　　　　　(d) 次生沉淀：蒙脱石2

图 6.5.9　化学刺激剂反应生成沉淀扫描图片

6.5.3　高温高压岩心流动特征

在真实的压后地热储层中，酸/碱-岩反应不同于静态溶蚀实验，其主要原因为地热储层岩体岩性致密，裂隙体积较小，化学刺激流体与岩体接触面积有限，远远小于静态溶蚀实验中的酸/碱-岩接触面积。因此，有必要开展更加符合真实地热条件的岩心流动实验。通过高温高压岩心流动仪模拟高温地热岩体在真实地热储层的温度、压力、酸/碱-岩接触面积等条件，将化学刺激剂注入岩心，进行酸、碱-岩液固反应，比较化学刺激溶蚀前后岩心渗透率的变化，分析反应不同时间段化学刺激剂的离子浓度变化和岩心矿物组分变化，定量评价化学刺激剂在储层裂隙流动过程中的作用效果。

1. 化学刺激后渗透率计算方法

为评价化学刺激后岩心渗透率的变化情况，可以采用达西定律计算岩体渗透率，即流量 Q 与上下游水头差 $(H_1–H_2)$ 和垂直于水流方向的截面积 A_h 成正比，而与渗流路径长度 L_h 成反比。由于花岗岩岩性致密，为了模拟真实压后储层中的裂隙通道，使用 KD-II 型岩心造缝装置对岩心进行劈裂造缝。在岩心流动实验过程中，将整个岩心横截面视为过水断面，通过高温高压岩心流动仪检测岩心进出口端的压力、化学刺激剂液体流量即可计算出岩体的等效渗透率 k_1。

达西定律：

$$Q = K \times A_h \times \frac{H_1 - H_2}{L_h} \tag{6.5.2}$$

$$P = \rho g H \tag{6.5.3}$$

式中，P 为随深静水压力；H 为水头，m。

渗透率 K_e 与渗透系数 K 的关系式为

$$K_e = K \frac{\mu}{\rho g} \tag{6.5.4}$$

$$k_1 = \frac{Q \mu L_h}{A_1 (P_1 - P_2)} \tag{6.5.5}$$

式中，Q 为流量，m^3/s；K 为渗透系数，m/D；k_1 为等效渗透率，m^2；A_1 为岩心横截面积，m^2；L_h 为渗流路径长度，m；ρ 为液体密度，kg/m^3；g 为重力加速度，m/s^2；P_1 为进口高压，Pa；P_2 为进口低压，Pa；μ 为液体动力黏度系数，Pa·s。

实际上由于花岗岩岩性致密，岩心的渗透率极小，流体几乎全部经由裂隙流过岩心，因此，裂隙渗透率 k_2 由式(6.5.6)计算：

$$k_2 = \frac{Q \mu L_h}{A_2 (P_1 - P_2)} \tag{6.5.6}$$

式中，k_2 为裂隙渗透率，m^2；A_2 为裂隙横截面积，m^2。

裂隙横截面积可近似认为是长方形，面积 $A_2 = b \times D_r$，其中 b 为裂隙宽度(m)，D_r 为岩心直径(m)，根据平板模型的单裂隙水流立方定律，裂隙渗透率与裂隙宽度的关系为

$$k_2 = \frac{b^2}{12} \tag{6.5.7}$$

$$b = \sqrt[3]{3\pi k_1 D_r} \tag{6.5.8}$$

$$k_2 = \frac{(3\pi k_1 D_r)^{\frac{2}{3}}}{12} \tag{6.5.9}$$

2. 动态实验方案

为测试土酸、螯合碱、氢氧化钠、有机酸等不同配方对岩心渗透率的动态影响，设计如表 6.5.2 所示的化学刺激动态实验方案，温压条件与静态溶蚀实验保持一致，反应温度设置为 150℃，围压设置为 30MPa，注入流速设置为 1mL/min。

表 6.5.2　化学刺激动态实验方案

液体类型	序号	刺激剂配方组成	反应温度/℃	注入流速/(mL/min)	围压/MPa
超纯水	1	超纯水			
土酸	2	10%HCl+1%HF			
	3	10%HCl+1%HF+1%缓蚀剂			
	4	10%HCl+1.5%HF			
氢氧化钠	5	10%NaOH			
螯合碱	6	10%NaOH+3%NTA	150	1	30
	7	10%NaOH+3%DTPA			
	8	10%NaOH+1%PESA			
有机酸	9	10%CH₃COOH+1.5%HF			
	10	5%HCOOH+1.5%HF			
	11	5%CH₃COOH+1.5%HF			

注：PESA-聚环氧琥珀酸。

3. 动态测试结果

超纯水与岩心反应后，岩心的等效渗透率变化结果见图 6.5.10。注水阶段持续 3h，岩心等效渗透率稳定在 $0.03 \times 10^{-3} \mu m^2$，超纯水对岩心渗透率的提升没有明显的增强作用，以超纯水实验作为对照，可以认为化学刺激剂的溶蚀效果是由化学刺激的溶蚀作用引起的，而不是水-岩相互作用。

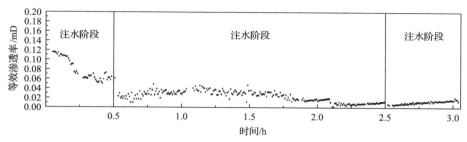

图 6.5.10　岩心与超纯水反应不同时长的等效渗透率变化曲线

当化学刺激剂为 10%HCl+1%HF 时，岩心的等效渗透率变化结果见图 6.5.11。注入 0.5h 超纯水测定岩心的初始等效渗透率为 $2.5 \times 10^{-3} \mu m^2$，持续注入化学刺激剂 1.5h 后，岩心等效渗透率逐渐升高，等效渗透率最高可达 $6.08 \times 10^{-3} \mu m^2$，当化学刺激剂注入结束时，岩心等效渗透率稳定在 $4.05 \times 10^{-3} \mu m^2$；再次通入超纯水 0.5h，测定岩心与化学刺激剂反应后的等效渗透率为 $4.05 \times 10^{-3} \mu m^2$。对比注入化学刺激剂前后的岩心等效渗透率，岩心等效渗透率提升了 1.62 倍，且岩心等效渗透率呈现持续上升的状态。

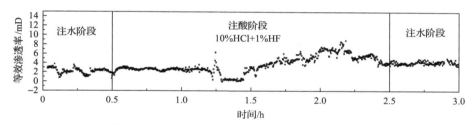

图 6.5.11　化学刺激剂 10%HCl+1%HF 注入岩心后等效渗透率变化曲线

当化学刺激剂为 10%HCl+1%HF+1%缓蚀剂时，岩心的等效渗透率变化结果见图 6.5.12。注入 0.5h 超纯水测定岩心的初始等效渗透率为 $0.05 \times 10^{-3} \mu m^2$；持续注入化学刺激剂 2.0h，等效渗透率逐渐升高，但等效渗透率变化不稳定；再次通入超纯水 1.0h，测定岩心与化学刺激剂反应后的等效渗透率为 $0.12 \times 10^{-3} \mu m^2$。对比注入化学刺激剂前、后岩心等效渗透率，后者的岩心等效渗透率是前者的 2.4 倍，岩心等效渗透率在注酸阶段变化幅度较大。

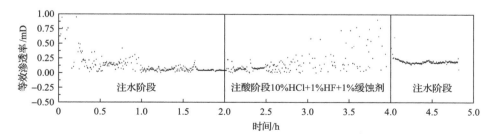

图 6.5.12　化学刺激剂 10%HCl+1%HF+1%缓蚀剂注入岩心后等效渗透率变化曲线

当化学刺激剂为 10%HCl+1.5%HF 时，岩心的等效渗透率变化结果见图 6.5.13。注入 0.5h 超纯水测定岩心的初始等效渗透率为 $1.35 \times 10^{-3} \mu m^2$；持续注入化学刺激剂 2.0h，等效渗透率逐渐升高，但等效渗透率变化不稳定；再次通入超纯水 0.5h，测定岩心与化学刺激剂反应后的等效渗透率为 $39.07 \times 10^{-3} \mu m^2$。对比注入化学刺激剂前、后岩心等效渗透率，后者的岩心等效渗透率是前者的 28.94 倍。

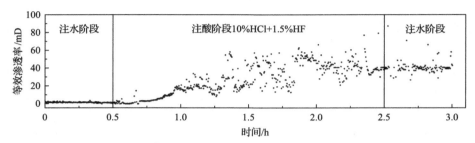

图 6.5.13　化学刺激剂 10%HCl+1.5%HF 注入岩心后等效渗透率变化曲线

以上土酸化学刺激剂对岩心的动态流动实验表明，土酸反应剧烈且不平稳，提高渗透率效果差异性较大，适应性不强。

当化学刺激剂为 10%NaOH 时，岩心的等效渗透率变化结果见图 6.5.14。注入 0.5h 超纯水测定岩心的初始等效渗透率为 $0.05 \times 10^{-3} \mu m^2$；持续注入化学刺激剂 1.25h 后，等效渗透率呈波浪式变化，当注入化学刺激剂 1.85h 后，渗透率大幅度波动变化，渗透率不稳定。再次通入超纯水 0.5h，等效渗透率在 $0.10 \times 10^{-3} \mu m^2$ 以上大幅波动，对比注入化学刺激剂前、后岩心等效渗透率，后者的岩心等效渗透率是前者的 2 倍以上。

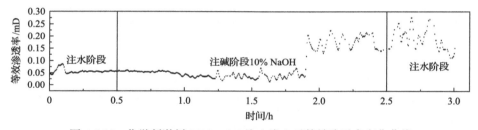

图 6.5.14　化学刺激剂 10%NaOH 注入岩心后等效渗透率变化曲线

化学刺激剂为 10%NaOH+3%NTA 时，岩心的等效渗透率变化结果见图 6.5.15。注入 0.5h 超纯水测定岩心的初始等效渗透率为 $0.75 \times 10^{-3} \mu m^2$；持续注入化学刺激剂 2.0h，等效渗透率逐渐降低，当化学刺激剂注入结束时，岩心等效渗透率稳定在 $0.5 \times 10^{-3} \mu m^2$；

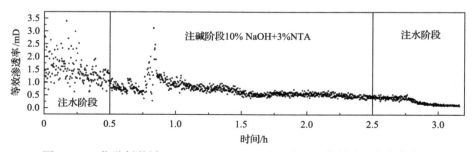

图 6.5.15　化学刺激剂 10%NaOH+3%NTA 注入岩心后等效渗透率变化曲线

再次通入超纯水 0.5h，测定岩心与化学刺激剂反应后的等效渗透率为 $0.25\times10^{-3}\mu m^2$。对比注入化学刺激剂前、后岩心等效渗透率可以看出，岩心渗透率不仅没有提升，反而下降了 67%，这说明该刺激剂配方不利于热储层改造。

结合前述化学刺激静态溶蚀实验分析认为，由于 NTA 对 Na^+、Al^{3+} 等金属离子螯合性较弱，化学刺激剂 10%NaOH+3%NTA 产生了大量的钠长石沉淀。岩心流动实验设置的化学刺激剂注入速率为 1mL/min，当化学刺激剂流速较为缓慢时，次生沉淀矿物更易附着堆积在岩石裂隙通道表面，一方面阻碍了化学刺激剂与岩石矿物进一步接触，另一方面堵塞了裂隙通道，由此降低了岩体渗透率。

当化学刺激剂为 10%NaOH+3%DTPA 时，岩心的等效渗透率变化结果见图 6.5.16。注入 0.5h 超纯水测定岩心的初始等效渗透率为 $0.2\times10^{-3}\mu m^2$；持续注入化学刺激剂 2.0h，等效渗透率逐渐升高，当化学刺激剂注入结束时，岩心等效渗透率稳定在 $0.6\times10^{-3}\mu m^2$；再次通入超纯水 1.5h，测定岩心与化学刺激剂反应后的等效渗透率为 $0.45\times10^{-3}\mu m^2$。对比注入化学刺激剂前、后岩心等效渗透率得到，后者的岩心等效渗透率是前者的 2.25 倍，且渗透率持续上升至稳定。

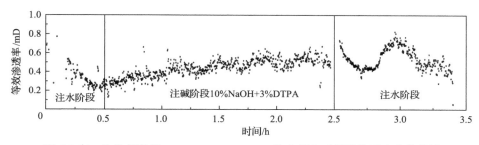

图 6.5.16　化学刺激剂 10%NaOH+3%DTPA 注入岩心后等效渗透率变化曲线

当化学刺激剂为 10%NaOH+1%PESA 时，岩心的等效渗透率变化结果见图 6.5.17。注入 0.5h 超纯水测定岩心的初始等效渗透率为 $0.05\times10^{-3}\mu m^2$；持续注入化学刺激剂 2h，前期等效渗透率变化不大，中期有 4 个渗透率起伏点，当化学刺激剂注入结束时，岩心等效渗透率稳定在 $0.05\times10^{-3}\mu m^2$；再次通入超纯水 0.5h，测定岩心与化学刺激剂反应后的等效渗透率为 $0.14\times10^{-3}\mu m^2$。对比注入化学刺激剂前、后岩心等效渗透率可以看出，后者的岩心等效渗透率是前者的 2.8 倍。

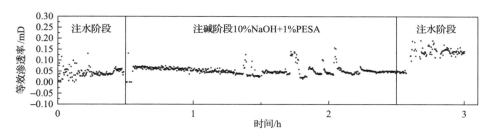

图 6.5.17　化学刺激剂 10%NaOH+1%PESA 注入岩心后等效渗透率变化曲线

当化学刺激剂为 10%CH₃COOH+1.5%HF 时，岩心的等效渗透率变化结果见图 6.5.18。注入 0.5h 超纯水测定岩心的初始等效渗透率为 $0.41×10^{-3}μm^2$；持续注入化学刺激剂 2.0h，前期等效渗透率变化不大，注入 1.25h 后等效渗透率逐步升高，当化学刺激剂注入结束时，岩心等效渗透率为 $6.5×10^{-3}μm^2$；再次通入超纯水 0.5h，测定岩心与化学刺激剂反应后的等效渗透率在 $6.5×10^{-3}μm^2$ 上下波动。对比注入化学刺激剂前、后岩心等效渗透率可以看出，后者的岩心等效渗透率是前者的 15.86 倍。

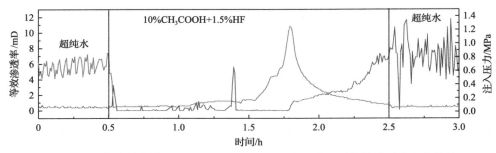

图 6.5.18　化学刺激剂 10%CH₃COOH+1.5%HF 注入岩心后等效渗透率变化曲线

当化学刺激剂为 5%HCOOH+1.5%HF 时，岩心的等效渗透率变化结果见图 6.5.19。注入 0.5h 超纯水测定岩心的初始等效渗透率为 $0.27×10^{-3}μm^2$；持续注入化学刺激剂 2.0h，前期等效渗透率变化不大，注入 1.0h 后等效渗透率逐步升高，当化学刺激剂注入结束时，岩心等效渗透率为 $5.92×10^{-3}μm^2$；再次通入超纯水 0.5h，测定岩心与化学刺激剂反应后的等效渗透率在 $5.92×10^{-3}μm^2$ 上下波动。对比注入化学刺激剂前、后岩心等效渗透率得到，后者的岩心等效渗透率是前者的 21.9 倍。

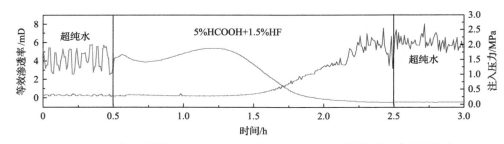

图 6.5.19　化学刺激剂 5%HCOOH+1.5%HF 注入岩心后等效渗透率变化曲线

当化学刺激剂为 5%CH₃COOH+1.5%HF 时，岩心的等效渗透率变化结果见图 6.5.20。注入 0.5h 超纯水测定岩心的初始等效渗透率为 $0.10×10^{-3}μm^2$；持续注入化学刺激剂 2.0h，前期等效渗透率变化不大，注入 1.25h 后等效渗透率逐步升高，当化学刺激剂注入结束时，岩心等效渗透率为 $4.40×10^{-3}μm^2$；再次通入超纯水 0.5h，测定岩心与化学刺激剂反应后的等效渗透率基本稳定 $3.04×10^{-3}μm^2$。对比注入化学刺激剂前后岩心等效渗透率得到，后者的岩心等效渗透率是前者的 30.4 倍。

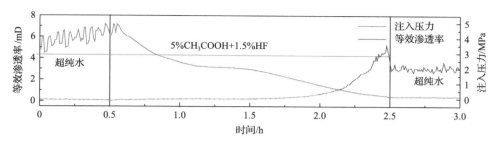

图 6.5.20　化学刺激剂 5%CH₃COOH+1.5%HF 注入岩心后等效渗透率变化曲线

综上，土酸、螯合碱和有机酸等不同类型化学刺激剂对岩心的动态流动实验结果表明，土酸酸性强，酸岩反应剧烈且不平稳，提高渗透率效果很难控制。螯合碱化学刺激剂溶蚀作用有限，提高渗透率倍数不高，如注入工艺控制不当，产生的次生沉淀矿物更易附着堆积在岩石裂隙通道表面，反而降低渗透率。有机缓速酸随温度升高及反应进行逐渐释放出氢离子，维持 pH 的同时作用效果较 HCl 更为温和，渗透率是原来的 10 倍以上且较为稳定。因此，优选有机缓速酸作为花岗岩的化学刺激剂，有利于进行深部热储改造，建立稳定良好的裂隙网络。

6.5.4　化学刺激技术实施方案

综合分析高温高压室内模拟结果，提出如下两套化学刺激改造方案可供现场选用。

1）有机酸化学刺激剂 5%HCOOH+1.5%HF

根据岩心流动实验结果可以看出，该有机酸体系酸岩反应相对温和，从而使化学刺激剂缓慢而深入地刺激高温地热储层，有利于在地热储层深部建立良好的裂隙网络，渗透率提升倍数高。

2）有机酸化学刺激剂 5%CH₃COOH+1.5%HF

该有机酸体系酸岩反应相对温和，从而使化学刺激剂缓慢而深入地刺激高温地热储层，有利于在地热储层深部建立良好的裂隙网络，渗透率提升倍数高。

化学刺激作为一种软刺激技术，通常与其他储层改造技术（水力压裂、热刺激等）联合使用，构成干热岩储层改造工艺，以实现大规模的储层改造。Yuan 等[30]的相关研究成果显示，流体注入所引发的储层温度降低过程对裂缝性储层的渗透性能具有提高作用，故在实际 EGS 储层改造过程当中，可考虑采用间歇性注入的降温化学刺激模式，合理控制注入及间歇时长，交替注入化学刺激剂及清水，令储层岩体经历多次温度骤降过程，以达到更好的热刺激效果，进一步促进刺激剂对储层的溶蚀改造作用。冯波等[31]提出一种干热岩热储层的热刺激与化学刺激联合工艺，其工艺特征表现为：首先通过热刺激，天然存在的裂隙网络发生破坏而增强渗透率，然后通过化学刺激溶解井筒和裂隙通道内的部分矿物、垢类和堵塞物，再次提高裂隙的导流能力。通过重复该过程对更大范围的热储层进行改造。该技术较好地解决了现有技术中存在的热刺激结束后随着冷却区温度的回升，一部分裂隙趋于闭合及高温环境下化学刺激剂和岩体矿物反应过快在注入附近消失殆尽的问题，同时相对于传统水力压裂，该工艺大大降低了储层改造过程中微地震频繁发生的风险，故在干热岩热储改造方面具有较好的应用前景。此外，可考虑设计并采用多级交替的方式，更好地结合短时间尺度的水力压裂和化学刺激，从而提出水力压裂-化学刺激联合工艺。

参 考 文 献

[1] 毛永宁, 汪小憨, 呼和涛力, 等. 增强型地热系统的研究进展. 能源与环境, 2013, (4): 6-8.

[2] Cladouhos T T, Petty S, Nordin Y, et al. Improving geothermal project economics with multi-zone stimulation: Results from the Newberry Volcano EGS demonstration. Thirty-Eighth Workshop on Geothermal Reservoir Engineering, Stanford: Stanford University, 2013.

[3] Rutqvist J, Dobson P F, Jeanne P, et al. Modeling and monitoring of deep injection at the Northwest Geysers EGS demonstration. Thirty-Eighth Workshop on Geothermal Reservoir Engineering, Stanford: Stanford University, 2013.

[4] Tomac I, Gutierrez M. Micro-mechanical of thermo-hydro-mechanical fracture propagation in granite//The 48th U. S. Rock Mechanics/Geomechanics Symposium, Minneapolis, 2014.

[5] Riahi A, Damjance B, Furtney J. Thermo-hydro-mechanical numerical modeling of stimulation and heat production of EGS reservoirs//The 48th U. S. Rock Mechanics/Geomechanics Symposium, Minneapolis, 2014.

[6] 杨吉龙, 胡克. 干热岩(HDR)资源研究与开发技术综述. 世界地质, 2001, (1): 43-51.

[7] 王洋, 张克亮. 增强型地热系统(EGS)的裂隙模拟方法. 地热能, 2012, (2): 4.

[8] 王晓星, 吴能友, 苏正, 等. 增强型地热系统开发技术研究进展. 地球物理学进展, 2012, 27(1): 355-362.

[9] 王淑玲, 张炜, 张桂平, 等. 非常规能源开发利用现状及趋势. 中国矿业, 2013, 22(2): 6-8.

[10] 陈作, 许国庆, 蒋漫旗. 国内外干热岩压裂技术现状及发展建议. 石油钻探技术, 2019, 47(6): 1-8.

[11] 张焕芝, 何艳青, 刘嘉, 等. 国外水平井分段压裂技术发展现状与趋势. 石油科技论坛, 2012, 31(6): 47-52.

[12] 李洪春, 蒲晓莉, 贾长贵, 等. 水平井裸眼分段压裂工具设计要点分析. 石油机械, 2012, 40(5): 82-85.

[13] 薛建军, 童征, 魏松波, 等. 封隔器滑套分段压裂关键工具研制及应用. 石油矿场机械, 2015, 44(11): 44-50.

[14] 曾嵘, 王荣, 黄硕, 等. 水力喷射增产工艺技术研究进展. 重庆科技学院学报(自然科学版), 2015, 17(1): 30-32, 56.

[15] 李奎为, 张冲, 李洪春. 水平井水力喷射多级压裂工具研制与应用. 石油机械, 2013, 41(12): 18-21.

[16] 李洪春. 一种用于喷射器的整体式喷嘴: 201220251083. 8. [2013-01-30].

[17] 李妍, 李振环, 法锡涵, 等. 四丙氟橡胶的性能及应用. 特种橡胶制品, 2005, (4): 30-32.

[18] 杜禧. 四丙氟橡胶的性能与用途. 特种橡胶制品, 1990, (3): 22-29.

[19] 魏伯荣, 蓝立文. 水蒸汽对四丙氟橡胶性能的影响. 特种橡胶制品, 1994, (2): 14-17.

[20] 陆明, 王珍, 钱黄海, 等. 交联体系对四丙氟橡胶材料性能的影响. 世界橡胶工业, 2016, 43(11): 10-15.

[21] 徐克彬, 张连朋, 吉鸿波, 等. 高压复合材料桥塞应用实践. 油气井测试, 2009, 18(3): 63-65.

[22] 王迁伟, 王德安, 张永春. 泵送可钻桥塞分段压裂工艺在红河油田的应用. 重庆科技学院学报(自然科学版), 2014, 16(6): 82-84.

[23] 尚琼, 王伟佳, 王汤, 等. 连续油管钻复合桥塞工艺研究. 钻采工艺, 2016, 39(1): 68-71.

[24] 吕芳蕾. 国内外压裂用新型可溶复合材料井下工具. 石化技术, 2015, 22(6): 113, 114.

[25] 冯波, 许佳男, 许天福, 等. 化学刺激技术在干热岩储层改造中的应用与最新进展. 地球科学与环境学报, 2019, 14(5): 577-591.

[26] 刘明亮, 庄亚芹, 周超, 等. 化学刺激技术在增强型地热系统中的应用: 理论、实践与展望. 地球科学与环境学报, 2016, 38(2): 267-276.

[27] Luo J, Zhu Y Q, Guo Q H, et al. Chemical stimulation on the hydraulic properties of artificially fractured granite for enhanced geothermal system. Energy, 2018, 142(1): 754-764.

[28] Xie X N, Weiss W W, Tong Z X, et al. Improved oil recovery from carbonate reservoirs by chemical stimulation. SPE Journal, 2005, 10 (3): 276-285.

[29] Portier S, Vuataz F D. Developing the ability to model acid-rock interactions and mineral dissolution during the RMA stimulation test performed at the Soultz-sous-Forets EGS site, France. Comptes Rendus Geoscience, 2010, 342 (7-8): 668-675.

[30] Yuan Y L, Xu T F, Moore J, et al. Coupled Thermo-Hydro-Mechanical modeling of hydro-shearing stimulation in an enhanced geothermal system in the Raft River Geothermal Field, USA. Rock Mechanics and Rock Engineering, 2020, 53 (12): 5371-5388.

[31] 冯波, 雷宏武, 许天福, 等. 干热岩热储层的热刺激与化学刺激联合工艺: CN201510710353.5. [2024-07-03].

第7章 应用实例

我国正在大力发展干热岩勘探开发技术，在室内研究的基础上，在青海共和盆地、苏北盆地和渤海湾盆地等现场进行了热储改造场地试验，并取得了试验性发电的突破。本章介绍了国内某盆地的一口干热岩井的热储改造先导试验实例，包括井的基本情况、热储改造设计要点、热储改造施工简况、裂缝监测与压后效果等。

7.1 干热岩井的基本情况

7.1.1 井身结构

X1井为位于我国某盆地的一口干热岩井[1]，2015年12月4日开钻，2017年3月21日完钻，完钻层位为印支期花岗岩[2]，完钻深度3705.0m，三开完井为外径ϕ177.8mm、钢级J55套管，下入深度3361.12m，四开为ϕ152.0mm的裸眼，长度343.88m。该井二开含筛管段，二开固井方式为穿鞋戴帽，完井套管钢级低，抗压强度低，不能满足压裂施工承压要求，后期下入4.5in、钢级P110、壁厚8.56mm的套管到3493.61m进行水泥固井完井，水泥返至井口，留下3493.61～3705.00m裸眼井段进行压裂，套管抗压强度99.4MPa，安全系数1.52。

7.1.2 固井质量

4.5in套管固井后固井质量测井测量井段为30～3460m，其中30～3361.12m为双层套管，第一界面定义为内层套管与内层水泥环之间的胶结；第二界面定义为内层水泥环与外层套管内壁之间的胶结。固井质量详细情况见表7.1.1。

表 7.1.1 二次完井固井质量解释成果表

井段/m	第一界面解释结论	第二界面解释结论	备注
30～1185	胶结差	胶结差	
1185～1480	胶结以中等为主，少量良好和差	胶结以中等为主，少量良好和差	
1480～1672	胶结以良好为主，少量中等	胶结以良好为主，少量中等	双层套管井段
1672～1744	胶结以中等为主，少量良好	胶结以中等为主，少量良好	
1744～1960	胶结良好	胶结良好	

续表

井段/m	第一界面解释结论	第二界面解释结论	备注
1960～2061	胶结以中等、良好为主，部分差	胶结以中等、良好为主，部分差	双层套管井段
2061～2118	胶结以良好为主，少量中等	胶结以良好为主，少量中等	
2118～3361.12	胶结良好	胶结良好	
3361.12～3388	胶结良好	胶结中等，部分差	单层套管
3388～3460	胶结良好	胶结中等	

综合分析认为 30～1185m 为胶结差井段；1672～1744m 以胶结中等为主，部分良好；1744～3460m 以胶结良好为主，少量中等，基本满足压裂改造承压要求。

7.1.3 热储层段基本情况

井下岩心观察发现，该井岩性以灰白色花岗岩为主，3326～3705m 井段发育高密度水平节理，岩心呈饼状，裂隙发育，岩体较为破碎，部分岩心段见方解石脉体充填。测井解释岩性主要为黑云母二长花岗岩和二长花岗岩，见图 7.1.1。评价认为 3360～3460m 井段侧向电阻率数值降低、声波时差数值增大、井径差异小，为裂缝孔隙相对发育段，3460～3543m 井段双侧向电阻率数值高，声波时差数值小，地层应力集中，井径表现为椭圆井眼，为裂缝零星发育致密层段。3543～3598m 井段为裂缝孔隙相对较发育段，见图 7.1.1。因套管下深位置为 3493.61m，所以选择 3493.61～3705m 井段为压裂井段。

7.1.4 岩石力学与地应力

由三轴岩石力学参数测试得到，热储层段岩石坚硬，单轴杨氏模量 31000～33000MPa，围压下 47290～54142MPa；单轴泊松比 0.216～0.225，围压下为 0.319～0.343。在 40MPa 围压下的泊松比在 0.3 以上，杨氏模量达到 40000MPa 以上，抗压强度约 370MPa。

岩心测试最小主应力 68.94MPa，压力梯度 0.0214MPa/m，折算到压裂段中部深度最小主应力为 77.0MPa；最大主应力为 77.67MPa，压力梯度为 0.0241MPa/m，折算到压裂段中部深度最大主应力 86.7MPa，两向地应力差异 9.7MPa。

7.1.5 地层温度与压力

该井采用四参数测井仪进行了井温测井，测试获得全井井温梯度 4.8℃/100m，由此估算井底井温为 193.8℃。该井为常压系统，钻井过程中未发生异常高压和井涌等情况。

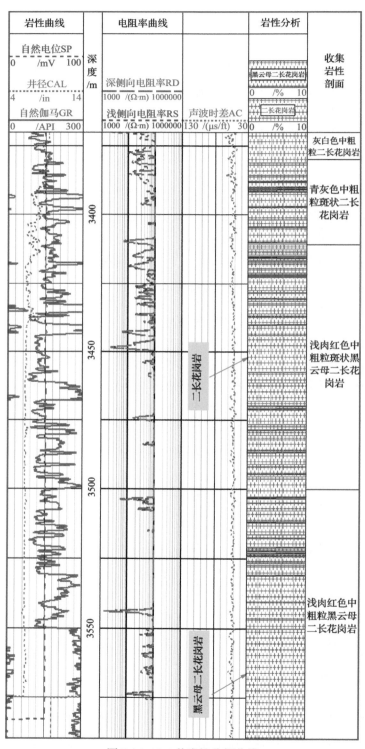

图 7.1.1　X1 井岩性分析曲线

7.2 热储改造设计要点

7.2.1 技术对策

为达到高温干热岩体积改造目的，采用以下技术对策：

(1)选择裂缝发育段作为压裂井段，天然裂缝发育将大幅度降低破裂压力并提高裂缝复杂程度。

(2)利用高温差效应热破裂使裂缝复杂化，多期次低排量注入清水与高温岩体形成高温差产生大量微裂隙。

(3)以清水或滑溜水压裂为主，高黏液体段塞辅助扩展缝高，提高改造体积。

(4)采用循环注入方式，激活储层内天然裂缝，提高裂缝复杂程度。

7.2.2 热储改造施工方案

为评价地层未压裂条件下的吸水能力，低排量注入热破裂对破裂压力和裂缝复杂性的影响，获取破裂压力、裂缝延伸压力、闭合压力等相关工程地质参数，设计了吸水能力试验方案、低排量热破裂泵注方案、小型测试压裂方案、缝高扩展试验方案和循环变排量注入方案，具体如下所述。

1. 吸水能力试验方案

在地层未破裂条件下，采用恒定排量、恒定时间测试方法求取地层原始吸水能力(表 7.2.1)。

(1)测试思路：恒定注入压力，恒定注入时间。

(2)测试步骤：在一个稳定的注入压力下注入清水，注入时间达到设定值后即转入下一个阶段。

(3)测试压力：设定最高注入压力为 40MPa，每 5MPa 为一个测试台阶。

(4)测试时间：每 5min 为一个测试阶段，总共注入时间 35min。

(5)测试液量：预计总注入液量小于 100m^3。

(6)计算视吸水指数：视吸水指数=日注入量/井口注入压力。

表 7.2.1 地层吸水能力试验注入参数表

注入压力/MPa	注入时间/min	注入液量/m^3	折算注入量/(m^3/d)
10	5		
15	5		
20	5		
25	5		
30	5		
35	5		
40	5		

注：注入液量和折算注入量需要现场测算得到。

2. 低排量热破裂泵注程序

通过低排量注入清水，利用温差效应产生热破裂，形成微裂隙，降低破裂压力，通过地面微地震裂缝监测，评估分析形成复杂裂缝的适应性。泵注程序表见表 7.2.2。

表 7.2.2　低排量注清水泵注程序表

阶段	注入排量/(m³/min)	注入液(清水)量/m³	注入时间/min
1	0.5～1.0	300	300～600
停泵 60min 测压降曲线			

3. 小型测试压裂方案

通过清水阶梯升排量和阶梯降排量压裂测试破裂压力和延伸压力变化，判断地层是否被压开，并通过压降曲线分析获取裂缝延伸压力、地层闭合压力、地层滤失等参数。泵注程序表见表 7.2.3。

表 7.2.3　小型测试压裂泵注程序表

序号	液体类型	注入排量/(m³/min)	注入液量/m³	注入时间/min
1	清水	0.2	1.0	5
2	清水	0.5	2.5	5
3	清水	1.5	7.5	5
4	清水	2.0	10.0	5
5	清水	2.5	12.5	5
6	清水	3.0	15.0	5
7	清水	3.5	7.0	0.5
8	清水	3.0	6.0	2.0
9	清水	2.5	5.0	2.0
10	清水	2.0	1.0	0.5
11	清水	1.5	0.8	0.5
12	清水	1.0	0.5	0.5
13	清水	0.5	0.3	0.5
合计			69.1	36.5
停泵 60～120min 测压降曲线				

4. 缝高扩展试验方案

采用黏度为 30mPa·s 的高黏压裂液注入，通过微地震裂缝监测和施工压力变化来分析评估压裂液黏度对缝高扩展的影响(表 7.2.4)。

5. 循环变排量注入方案

采用清水进行排量从低到高，再从高到低的循环注入压裂试验，通过微地震监测、施工压力和压降曲线解释等手段分析对微裂缝产生及裂缝复杂性的影响。表 7.2.5 为一个注液单元的泵注程序表。

表 7.2.4 高黏压裂液泵注程序表

序号	液体类型	注入排量/(m³/min)	注入液量/m³	注入时间/min
1	高黏压裂液	1.5	42	28
2		2.0	60	30
3	清水	2.0	100	50
小计			202	108

停泵 120min 测压降曲线

表 7.2.5 循环注入压裂泵注程序表

序号	液体类型	注入排量/(m³/min)	注入液量/m³	注入时间/min
1	清水	0.5	200	400
2		1.5	200	133
3		3.0	200	67
4		0.5	200	400
5		1.5	200	133
6		3.0	200	67
7	高黏压裂液	3.0	90	30
8	清水	0.5	200	400
9		1.5	200	133
10		3.0	200	67
11		0.5	200	400
12		1.5	200	133
13		3.0	200	67
14	高黏压裂液	3.0	120	40
15	清水	0.5	200	400
16		1.5	200	133
17		3.0	200	67
18		2.0	100	50
19		1.0	50	50
小计			3360	3170

停泵 60~120min 测压降曲线

6. 注入方式与施工限压

该井采用 4.5in 光套管注入，105MPa 压裂井口，施工限压 80MPa。

7.3 热储改造施工简况

按照前述压裂设计方案，分别进行了压裂施工，简况如下。

1. 吸水能力测试

采用恒定排量、恒定时间测试方法进行了压前地层吸水能力测试，施工排量 0.5～1.0m³/min，注入压力 36.7～57.4MPa，注入液量 20m³。

2. 低排量热破裂泵注施工

为验证温差效应对微裂缝形成的影响，进行了施工排量为 0.5～1m³/min 的低排量注入测试，注入液量 337.5m³，施工时间约 450min，施工压力 53.2～65.4MPa，施工曲线如图 7.3.1 所示。

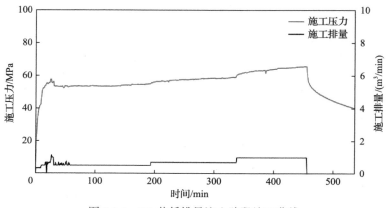

图 7.3.1　X1 井低排量注入阶段施工曲线

3. 小型测试压裂施工

采取了阶梯升排量和阶梯降排量模式，施工排量从 0.5m³/min 提高到 3.5m³/min，再降低到 0.5m³/min，施工压力为 15.8～75.8MPa（图 7.3.2），注入液量 69.3m³，停泵后测压降 120min。

4. 高黏压裂液段塞注入施工

为考察高黏压裂液段塞对缝高扩展的影响，进行了二次段塞注入试验。第一次施工排量 1.5m³/min，注入高黏压裂液 40m³，施工压力 37.7～68.8MPa，后提高施工排量至 2m³/min，施工压力达到 77.9MPa，共计用液 280.2m³。第二次再以 2m³/min 的施工排量泵注高黏液 60m³ 后继续清水压裂，共计用液 320.2m³。施工曲线见图 7.3.3。

5. 循环变排量注入施工

整个压裂过程中进行了多次变排量注入试验，总注入液量约 1500m³，持续时间约 1600min，施工压力最高 78.5MPa，见图 7.3.4。

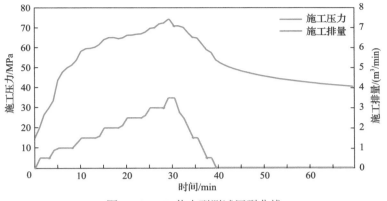

图 7.3.2 X1 井小型测试压裂曲线

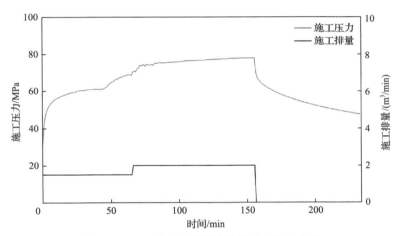

图 7.3.3 X1 井高黏压裂液段塞注入施工曲线

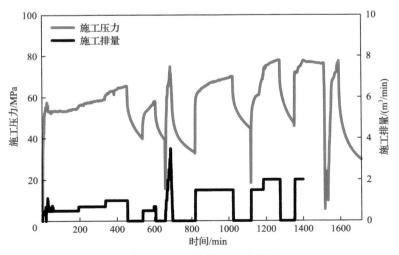

图 7.3.4 X1 井压裂施工曲线

7.4 裂缝监测情况

为评价压裂裂缝的方位、裂缝形态、裂缝复杂性和改造体积等特性，在压裂过程中同时开展了地面微地震和地面测斜仪裂缝监测。

7.4.1 地面测斜仪监测

测斜仪水力裂缝监测是一种由 Pinnacle 公司开发研制的独特的压裂监测方法，它通过测量水力压裂过程中裂缝产生引起的地层形变（图 7.4.1），通过地球物理反演，解释获得裂缝方位、形态、尺寸等参数。该系统由地面和井下两套监测系统构成，地面监测仪可以独立使用确定水力裂缝方位，井下测斜仪需要和地面测斜仪配合使用，确定裂缝高度和长度参数。测斜仪的灵敏度高，能够探测到小于 10^{-9}rad 的变化。目前，裂缝测斜仪已在全球范围内的 20 多个国家应用，监测井数超过几千口，尤其在北美地区应用最为广泛。其在我国主要应用于大庆油田、长庆油田、华北大牛地气田、中国石化西北油田分公司等，应用井深已达到 5000m。随着仪器和解释方法的进步，其应用领域在不断扩展。

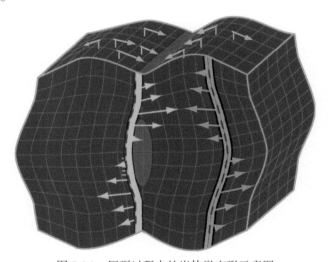

图 7.4.1 压裂过程中的岩体微变形示意图

依据最大变形量公式（7.4.1）以及 X1 井压裂深度和注入液量计算得到，X1 井压裂过程中能够造成的最大地面变形量约为 1000nrad，而测斜仪最高测量精度为 1nrad，因此，X1 井压裂过程中的地层微变形完全在监测精度范围之内。

$$R = \frac{V}{6 \times (D/1000)^3} \tag{7.4.1}$$

式中，R 为最大变形量，μrad；V 为注入流体体积，m³；D 为压裂段平均深度，m。

因 X1 井附近无合适的邻井，所以采用地面测斜仪进行测试。依据该井的深度和按照测试深度的 25%～75%的半径范围内随机布孔的原则，本次测试部署测点 42 个，每支测斜仪下入深度为 10～12m。地面测斜仪测点分布示意图见图 7.4.2。

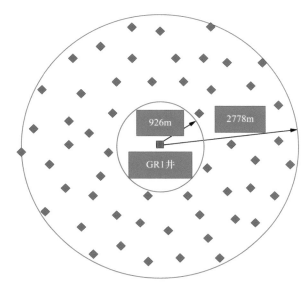

图 7.4.2　地面测斜仪测点分布示意图

在 X1 井压裂过程中进行了全程监测，获取了不同注入阶段的地层变形场数据[3,4]，为分析解释裂缝方位和形态提供了依据。图 7.4.3～图 7.4.5 展示了不同测点的变形曲线，曲线显示，花岗岩压裂过程中的微变形非常明显，且在不同位置处的变形量是不同的。

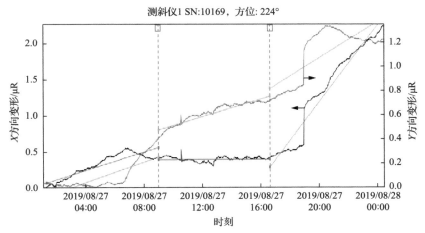

图 7.4.3　第 1 个测点不同时刻的变形曲线

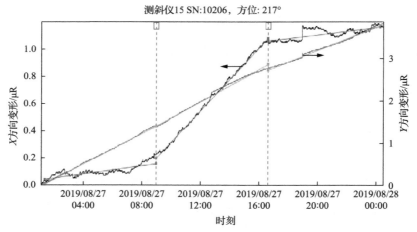

图 7.4.4　第 15 个测点不同时刻的变形曲线

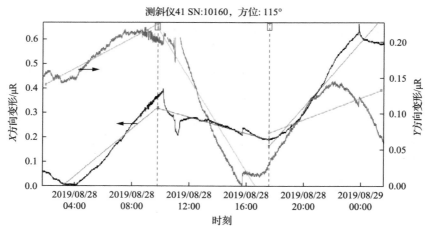

图 7.4.5　第 41 个测点不同时刻的变形曲线

7.4.2　地面微地震监测

微地震水力裂缝监测是通过监测压裂过程中岩石破裂产生的微地震信号，分析裂缝扩展及空间分布的监测技术，在国内外得到广泛应用。该井因没有合适的邻井，所以采用地面微地震监测。

结合压裂井和监测区域的实际环境情况，确定观测方式为以 X1 井为中心，放射状部署 9 条测线，测线总长度 30175m，道距 25m，观测道数共计 1216 道，每道设置 6×2 只检波器堆埋组合（图 7.4.6）。采用 SERCEL-428 数字地震仪，检波器为自然频率 10Hz 的动圈式检波器，采样时间间隔 2ms，从压裂开始前半个小时至压裂结束后 2h，连续接收、分段记录，每个文件记录长度 30s，记录格式 SEG-D。

图 7.4.6　X1 井地面观测系统部署图

7.5　压 后 效 果

利用现场压裂施工数据，结合 G 函数分析方法与地面微地震裂缝监测结果，评估了地层对吸水能力、裂缝破裂与延伸压力、复杂裂缝扩展的因素、改造体积等，验证了干热岩体积改造工艺方法的适应性。

1. 地层原始吸水能力

利用前述测试数据计算得到的地层在不同压力下的吸水指数见表 7.5.1。依据该数据分析得到地层原始吸水能力较弱，地层平均原始吸水指数为 15.5m³/(d·MPa)。说明该地层不经压裂改造，其流量远达不到发电利用的要求。

表 7.5.1　地层吸水指数数据表

注入压力/MPa	注入时间/min	注入量/m³	吸水指数/[m³/(d·MPa)]
41.5	4	1.4	12.1
52.1	6	3	13.8
55.5	3	2	17.3
57.5	2	1.5	18.8
平均	3.8	2.0	15.5

2. 裂缝破裂与延伸压力

由 G 函数和平方根曲线(图 7.5.1，图 7.5.2)分析解释得到裂缝破裂压力梯度为 0.026MPa/m，裂缝延伸压力梯度为 0.0263MPa/m，裂缝闭合压力梯度为 0.0208MPa/m，各个压力值的大小关系说明压裂裂缝存在塑性扩展特征。

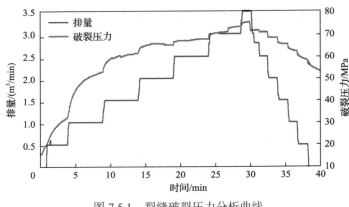

图 7.5.1　裂缝破裂压力分析曲线

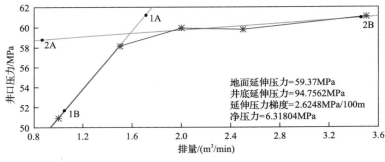

图 7.5.2　裂缝延伸压力分析曲线

3. 低排量热破裂效应

在压裂初期阶段采用了 $0.5 \sim 1.0 \mathrm{m}^3/\mathrm{min}$ 低排量清水注入，施工曲线显示，该阶段产生了众多微小破裂，压降 G 函数分析曲线也表现出多裂缝特征，见图 7.5.3。压裂过程中的微地震监测出了 1000 多个微地震事件点(图 7.5.4)，是常规砂岩压裂的数倍，由此也反映出众多破裂的出现。综合分析认为，压裂初期阶段的温差效应形成了大量微裂隙，在压裂工艺上利用这种效应是正确的。

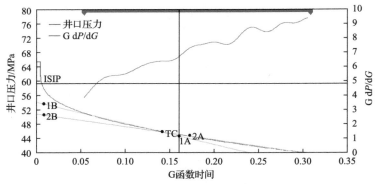

图 7.5.3　低排量注入阶段的 G 函数曲线

ISIP-瞬时停泵压力；TC-裂缝闭合时间

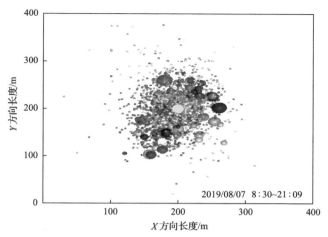

图 7.5.4　低排量注入阶段的微地震事件

4. 高黏压裂液段塞扩缝效果

施工曲线显示，在注入黏压裂液段塞阶段，压裂施工曲线上出现多个明显的破裂点，段塞注入结束后施工压力稳中有降，见图 7.5.5，说明黏度起到了扩展裂缝缝宽、缝高及降低缝内摩阻的作用。微地震监测和施工压力拟合显示裂缝缝高得到较好的扩展，见图 7.5.6。

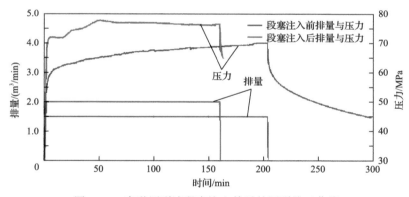

图 7.5.5　高黏压裂液段塞注入前后的压裂施工曲线

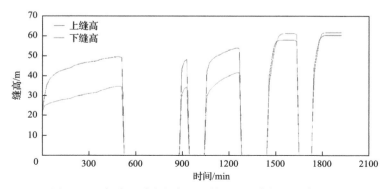

图 7.5.6　高黏压裂液段塞注入前后的缝高扩展拟合曲线

5. 水力裂缝形态与方位

图7.5.7~图7.5.9为测斜仪监测分析得到的三个压裂阶段的裂缝方位矢量场图和水力裂缝方位图。图7.5.7~图7.5.9中显示，压裂形成的裂缝既有垂直裂缝分量，也有水平裂缝分量，说明压裂过程中产生了复杂裂缝。三个压裂阶段的垂直裂缝方位均为北偏东方向，但每个阶段方位略有不同，反映出每个阶段裂缝扩展并不是简单地重复第三个泵注阶段，解释裂缝方位为北偏东22.3°。

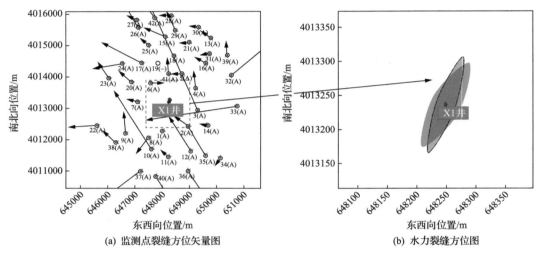

(a) 监测点裂缝方位矢量图　　　　(b) 水力裂缝方位图

图 7.5.7　X1 井热破裂阶段裂缝方位监测结果

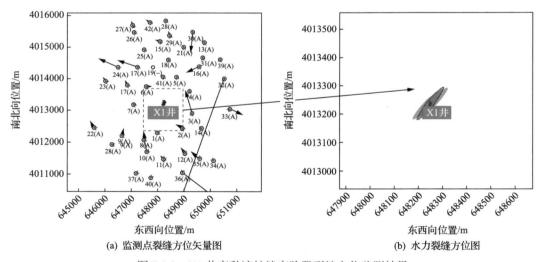

(a) 监测点裂缝方位矢量图　　　　(b) 水力裂缝方位图

图 7.5.8　X1 井高黏液扩缝高阶段裂缝方位监测结果

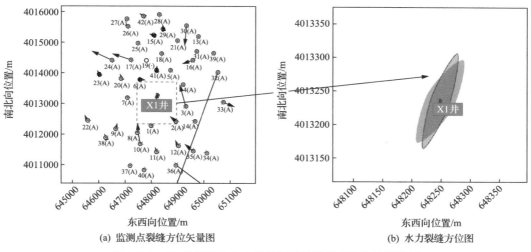

(a) 监测点裂缝方位矢量图　　　　　　　　(b) 水力裂缝方位图

图 7.5.9　X1 井循环注入大规模压裂阶段裂缝方位监测结果

6. 总体改造效果

压裂试验全过程中的微地震裂缝监测数据表明，温差效应促使复杂微裂缝的形成，中黏压裂液扩展了裂缝缝宽与缝高，变排量循环注入扩大了改造体积[5]。微地震监测显示压裂裂缝总体比较复杂(图 7.5.10)，改造体积大。分析得到裂缝复杂指数为 0.5，裂缝方位 NE33°~35°，裂缝长度 226m，高度 122m，带宽 112m，改造体积 $3.088 \times 10^6 \mathrm{m}^3$。压后吸水能力测试表明，吸水指数达到 $57.5 \mathrm{m}^3/(\mathrm{d \cdot MPa})$，地层吸水能力大幅度提高。

图 7.5.10　X1 井压裂全过程微地震监测 3D 图

利用 G 函数分析方法分析施工压降曲线，结果表明，其地层综合渗透率提高到 $1.7848 \times 10^{-3} \mu \mathrm{m}^2$，见图 7.5.11。可见，热储改造后渗透率较地层原始渗透率大幅度提高，由此说明压裂过程逐步形成和连通新裂缝，提升裂缝导流能力和地层渗透率，说明干热岩以液量换体积和导流能力是可行的。

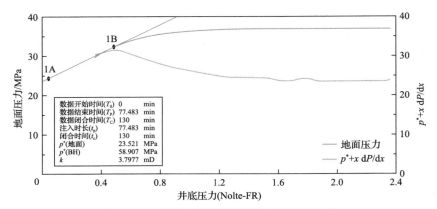

图 7.5.11　热储改造后的地层渗透率分析曲线

　　通过花岗岩现场压裂实例数据的分析和两种裂缝监测方法的验证，低黏压裂液低排量注入造微缝+高黏压裂液段塞增缝高+低黏压裂液变排量循环注入扩体积的改造工艺是科学合理的，可以满足干热岩复杂裂缝系统改造的需求。

参 考 文 献

[1] 郑宇轩, 单文军, 赵长亮, 等. 青海共和干热岩 GR1 井钻井工艺技术. 地质与勘探, 2018, 54(5): 1038-1045.
[2] 谢文苹, 路睿, 张盛生, 等. 青海共和盆地干热岩勘查进展及开发技术探讨. 石油钻探技术, 2020, 48(3): 77-82.
[3] 周健, 曾义金, 陈作, 等. 青海共和盆地干热岩压裂裂缝测斜仪监测研究. 石油钻探技术, 2021, 49(1): 88-92.
[4] 徐胜强, 张旭东, 张保平, 等. 测斜仪监测技术在共和盆地干热岩井压裂中的应用研究. 钻探工程, 2021, 48(2): 42-48.
[5] 陈作, 张保平, 周健, 等. 干热岩热储体积改造技术研究与试验. 石油钻探技术, 2020, 48(6): 82-87.